DESCONSTRUINDO
O ZIKA
RANDALL S.
BOCK, M. D.
A PANDEMIA QUE
NUNCA EXISTIU

PREÂMBULO

O mistério da pandemia do vírus Zika:

"Em 2016 estávamos planejando nossas próximas férias de Natal em família para 2017 e a América do Sul foi o destino escolhido. O Brasil foi o país que todos decidimos ser o destino número 1 para visitar, mas havia um problema - a pandemia de Zika-vírus que estava "devastando" aquele país continha ameaças desconhecidas com as quais a maioria dos membros da família se sentia desconfortável, especialmente os de idade fértil. O Chile acabou sendo o destino de meio-termo escolhido.

"Nunca pensei em Zika depois disso, até que por um golpe de sorte, no final de 2021, ouvi a apresentação ao vivo de Randall Bock sobre o mistério da pandemia que nunca existiu. O que ouvi foi surpreendente – e fiquei mais perturbado pelo fato de que, como médico e chefe de UTI, não estava ciente dos detalhes dessa última e mais importante 'pandemia' que aconteceu antes do COVID-19. Como esse material não foi publicado antes e por que demorou tanto para obter a atenção que merece – podem ser os maiores erros cometidos antes da pandemia do COVID-19.

"Este livro irá alterar a forma como você interpreta as informações de saúde pública que recebe através da grande mídia. É um pedaço de história médica que deve ser leitura recomendada para todos os principais tomadores de decisão da saúde pública; as fraternidades jornalísticas, médicas e econômicas – essencialmente todos os que são impactados e se preocupam com a forma que decisões tomadas baseadas em narrativas (baseada em fatos fracamente construídos e não contestados abertamente) pode inviabilizar a saúde pública e destruir a estrutura socioeconômica de um país, muito além deste determinado incidente. É também uma lição para o mundo: se não prestarmos atenção, esses incidentes menores podem levar a intervenções catastróficas, em todo o mundo e mal implementadas!" --***Dr Nathi Mdladla*** -- Anestesista Cardíaco de Terapia Intensiva, Joanesburgo[1]

"Desconstruindo o Zika" é uma exposição oportuna e relevante da pandemia de Zika-microcefalia de 2015, que fomentou o medo e o pânico em todo o mundo, antes de desaparecer no aparente esquecimento poucos meses depois. Igualmente mistério e fato científico, ***Desconstruindo o Zika*** é um relato fascinante, envolvente e muitas vezes assustador dos jogos de poder por trás da medicina moderna e das agendas políticas perseguidas, ao que pareceria ser no interesse da saúde pública.

"Este livro é uma leitura obrigatória. Você aprenderá mais sobre medicina, processo científico e política do que jamais imaginou ser possível, e tudo de uma só vez. Posso altamente recomendá-lo, não apenas para aqueles nas áreas médicas e científicas, mas também para aqueles que simplesmente querem seus olhos abertos para as realidades de um mundo em que 'nem tudo é o que parece'". --**Heidi Short** -- Estatístico, Pandata.org[2]

"Com ***Desconstruindo o Zika*** Randall Bock coloca uma perspectiva histórica relevante em torno da histeria do COVID-19. Muitas pessoas bem-intencionadas – em ambos os lados de qualquer debate sobre o COVID-19 – caíram na mesma armadilha: "*Isso é* ***novo****, todas as discussões sobre isso são, portanto, sobre ESTES dados, ESTE vírus e ESTE cenário*".

"Embora o pânico do Zika estivesse confinado em grande parte ao Brasil, muitos, se não a maioria, dos sinais estavam lá para o que observadores atentos notaram relativamente cedo sobre o pânico do COVID-19.

- Identificação de um novo vírus sem comprovação científica legítima de sua novidade? *"Checado!"*
- Promoção de frases de efeito de uma narrativa sem verificação legítima e independente? *"Checado!"*
- Uso da praça pública como meio de promoção de uma hipótese específica? *"Checado!"*
- O uso do pânico para melhorar as carreiras de cientistas específicos? *"Checado!"*

"Embora alguém possa ***assumir*** que técnicas semelhantes foram usadas antes, a análise de Bock fornece paralelos pontiagudos, específicos e óbvios. Ele prova que essas técnicas foram usadas, quase palavra por palavra! Para qualquer um que possa estar inclinado a dizer: "*Nunca mais*!" enquanto pensava que a narrativa do COVID-19 era materialmente diferente, a análise de Bock oferece um caloroso: "*Você é novo aqui?*" ***Desconstruindo o Zika*** fornece uma revisão séria de técnicas e resultados que a histeria do COVID-19 simplesmente reciclou. Só que desta vez, foi em todo o mundo!" --**Wilton D. Alston**; Engenheiro de Segurança Sênior, TÜV Rheinland

"'*Corajoso e poderosamente executado'*, esta é uma grande subestimação da conquista de Randy Bock MD em ***Desconstruindo o Zika***; uma exploração completa e sistemática das evidências (pouco firmes) por trás da momentânea pandemia do Zika. Livros desse gênero são incrivelmente importantes neste momento de nossa história, e formarão a base de textos importantes para responsabilizar o estabelecimento de saúde pública no futuro.

"O manipulativo e secundário mau uso do fenômeno Zika: para atingir fins políticos – facilmente passa pelo teste do que é considerado desonroso. Randy apresenta suas evidências e cronologia em um formato que permite uma compreensão clara dos fatos e atua como base para explicar e entender a reação institucional exagerada posterior ao Covid-19. Com a verdade, podemos fazer uma mudança – por essa razão, esta é uma leitura essencial." --**Cherry Hughes**, MSc; Prática Clínica Avançada

"Se não fossem os mosquitos, às vezes alguém poderia pensar que essa leitura reveladora estava se referindo ao Covid-19 em vez do Zika. Os paralelos na resposta de saúde pública entre Covid-19 e Zika são notáveis – de inconsistências nas definições de 'caso'; aos diagnósticos baseados em dados subjetivos; à censura do pensamento alternativo.

"E você achou que a 'pandemia' do Zika tinha acabado e não era mais relevante? Nosso governo continua financiando várias vacinas experimentais para o Zika, algumas já na Fase 2. Assim como o Covid-19, o Zika é considerado um problema relacionado à contramedida médica (MCM):

'A FDA está pronta para usar nossas autoridades ao máximo para ajudar a facilitar o desenvolvimento e a disponibilidade de produtos para o vírus Zika. Sob o de Autorização de Uso de Emergência (AUE) da FDA…' [3] Aqui vamos de novo?" --**Carol Taccetta, MD**,[4] FCAP, médica de desenvolvimento de medicamentos

"Dado que todos os "especialistas" erraram com a pandemia de COVID-19, é importante perguntar: "*o que mais eles erraram*?" Com ***Desconstruindo o Zika***, o médico Randy Bock acende um fusível sob um barril de pólvora de perguntas que ameaçam explodir toda a narrativa oficial da pandemia de Zika, desde o número desconhecido de casos de Zika até seu papel infundado na microcefalia, enquanto expõe a politizada e desleixada ciência que provocou medo e sofrimento desnecessários em milhões de gestantes em regiões tropicais de todo o mundo".--**Steve Templeton, Ph.D**.: Imunologista; Autor de *MEDO DE UM PLANETA MICROBIAL* [5]

Desconstruindo o Zika

A Pandemia Que Nunca Existiu

Randall S. Bock, MD

Drivestraight Inc.

Design de capa: Showrav Dev, showravdev98@gmail.com

Tradutor português: Pedro Luis Martins; pducamartins@gmail.com

ISBN: 978-1-957975-04-7 livro de capa dura

PRIMEIRA EDIÇÃO

Bock, Randall: Desconstruindo Zika, A Pandemia Que Nunca Existiu; Drivestraight Editoriais. randybock.com

Agradecimentos

Este livro é o resultado de um processo ao longo de anos. Como tal, há muitas pessoas a quem devo minha gratidão. Em primeiro lugar estão meus falecidos e amados pais, Samuel e Dorothy Bock, sem cujo amor e apoio nada teria sido possível, muito menos este livro. Eles sacrificaram o conforto material para que seus filhos pudessem ter a melhor educação. Aos cinco anos de idade, inventei uma música boba "Se Você Acha Que Pode Fazer Isso, Você Pode", mas minha mãe não achava bobagem e sempre buscou me lembrar disso. Meu pai me protegeu quando um discurso que eu escrevi na adolescência se mostrou bastante controverso. A confiança deles tornou-se a base mais forte para uma vida de ideias.

Também tenho que agradecer aos primeiros leitores e apoiadores do livro: Seth Corey; Errol Lincoln Uys; Bharani Padmanabhan; Terry Russell; Young Jae Koh; Robin Kaczmarczyk; Neto Lócio; Roy Wallen; Susan Patton, Michael Hurd, Jim e (o falecido) George Melloan, Brent Kievit-Kylar, Steven Coogan; Chris e Domini Gordon, Pedro Luis Martins, Helena Soriano Alvarenga – e muitos outros do Pandata.org. Meus esforços teriam enfraquecido sem seu encorajamento e diminuído sem sua clareza.

Acima de tudo, devo gratidão ilimitada à minha esposa, Lynne LeBlanc, que permaneceu comigo nos bons e maus momentos – e tornou todos os aspectos da minha vida mais completos, melhores e mais gratificantes. Ela tem sido uma ouvinte paciente, leitora atenciosa e editora picante. Eu aprecio seu amor, generosidade e o estilo de cada um de nossos dias, garantindo os brilhos de outra forma mundanos.

A ideia de ***Desconstruindo o Zika*** precedeu muito os bloqueios recorrentes da pandemia de Covid-19 e as diminuições das esferas sociais; no entanto, um aspecto positivo dessa época foi o foco e a concentração que emprestaram à produção deste livro. "*Como o tempo voou*" quando eu estava semi-isolado, acampando (horas a fio) escondido no deck do nosso andar de cima: entre cantos de pássaros e ocasionais ventos suaves (quando o clima permitiu); benefícios imprevistos de um retorno indesejado para casa e para dentro de si.

Nota ao leitor:

Este livro foi originalmente escrito em inglês e posteriormente traduzido para o português do Brasil. O original pode ser encontrado na Amazon.com como "Overturning Zika".

Esta tradução visa expressar o mesmo conteúdo do original, porém, alterações referentes às articulações do inglês tiveram que ser feitas. Onde esse foi o caso, um esforço foi feito para manter o sentimento original e o impacto que o autor pretendia.

Ao longo do livro, são feitas referências a fontes externas. Os títulos dessas referências foram traduzidos para facilitar a identificação, mas as fontes originais foram mantidas. Algumas dessas fontes são do Brasil, mas a maioria está em inglês.

Espera-se, sinceramente, que o leitor leve em consideração as adaptações necessárias que foram feitas, ao desfrutar do conteúdo a seguir.

Por que ler este livro?

Desconstruindo o Zika é uma exposição do fenômeno Zika-microcefalia.

Zika subiu abruptamente da conjectura ao pânico. Depois de resistir brevemente como uma pandemia mundial, o Zika desapareceu misteriosamente – apenas com o silêncio das autoridades de saúde e especialistas.

Bilhões de pessoas atingidas pela recente ameaça do Covid-19 têm o histórico inadvertido necessário para mergulhar na própria história selvagem do Zika. ***Desconstruindo o Zika*** representa um cartão "Saia Livre da Prisão" para 100 milhões de mulheres grávidas nos trópicos, muitas ainda se auto-isolando em um medo mal aplicado de qualquer picada de mosquito

Desconstruindo o Zika entrelaça histórias pessoais de médicos e pesquisadores intrépidos e motivados por missões, com miniaturas esclarecedoras da ciência de fundo. A história do Zika tem a empolgação do filme dos anos 1990 Twister: os cativantes médicos desonestos do Brasil em busca de novas doenças misteriosas - mas com um resultado da Torre de Babel: o uso indevido e a má orientação de uma pandemia insuficientemente comprovada para fins pessoais e políticos. Os aventureiros do Brasil acabarão prejudicando mais do que ajudando: criando um 'tornado' cujo dano por desinformação excederá o da infecção de um mosquito.

Foi um turbilhão dramático de eventos no Brasil em 2015 que levou à redefinição do Zika anteriormente inofensivo – e depois (separadamente) a uma reivindicação de mais casos de microcefalia em outros lugares. É chocante, em retrospecto, descobrir que literalmente zero testes de zika foram realizados e que a microcefalia não foi firmemente definida nem contada anteriormente no Brasil. Ambas as alegações eram suspeitas, e a conexão entre as duas ainda mais.

Desconstruindo o Zika é oportuno e, em última análise, inevitável. Está do "lado certo da história" – embora a 'história' ainda não perceba isso. À medida que os anos passam com a contínua ausência de microcefalia Zika, esta exposição permanecerá como um farol de correção direta e remédio tanto para o Zika - quanto para o mecanismo da ciência médica que permitiu que ele passasse sem controle à consciência pública, trazendo histeria, medo e desespero. As centenas de milhares de crianças que não estão entre nós, suas concepções ou partos anulados devido a mandatos infundados de Zika não podem pedir este livro, mas os futuros pais devem e devem.

Sobre o autor - **Randall S. Bock, MD** é um médico de cuidados primários formado em Yale e na Universidade de Rochester, com uma curiosidade que vai além de sua própria prática. Mesmo sem experiência direta com Zika ou nos trópicos, parecia ao Dr. Bock uma situação bastante anômala, medicamente: que o gêmeo biológico da dengue (Zika) causasse um problema (microcefalia) nunca antes diagnosticado em milhões de casos de dengue, endêmico no Brasil. Sua busca levou a uma revisão de Zika publicada em 2020 não acompanhada pela comunidade médica, científica ou jornalística – em parte (conforme expresso em conversa pessoal com os editores do JAMA) para não lançar dúvidas sobre o estabelecimento de saúde pública. Outros esforços produziram este livro e um comentário no ***American Journal of Medicine,*** julho de 2022. [6]

❖ CONTEÚDO ❖

Prefácio

Este livro é dedicado a jovens mães (e pais) em todo o mundo, os provedores de uma nova vida, a passagem direta para o amor e o respeito por seus filhos, nossa próxima e mais nova geração. Eles viveram os últimos cinco anos com medo de que uma única picada de mosquito pudesse prejudicar irrevogavelmente sua gravidez. A Zika-microcefalia praticamente desapareceu em todo o mundo, mas sem nenhum alarde de sua chegada. Que este livro ofereça clareza e alívio aos jovens casais; menos medo, mais conhecimento.

A última "grande pandemia" anterior (antes do Coronavírus) foi a Zika-microcefalia de 2015-2016, cuja premissa subjacente era que:

um vírus (Zika) até então completamente inofensivo causava uma anormalidade congênita aterrorizante que nenhum de seus "primos" virais quase idênticos (como a dengue) jamais teve.

Quase tão misteriosamente quanto chegou, desapareceu, das notícias, das clínicas, da consciência. Mas não houve nenhuma atualização ou degradação do Zika na medicina, ciência, saúde pública, no Wikipedia ou nas notícias, até agora, apesar do fato de que...

"É da natureza de qualquer inquérito que mais informações sejam obtidas com o passar do tempo. As informações de hoje são mais completas do que as de ontem. Oferecem uma visão melhor, uma perspectiva mais profunda e um julgamento mais sólido."[7] - Holman Jenkins, Jr.

Desconstruindo o Zika pretende não apenas lembrar do Zika, mas reclassificá-lo, e devolvê-lo ao seu papel anterior de quase anonimato médico, embora com a eterna nota de rodapé de ter trazido pânico e angústia para a população mundial, e conformidade de pensamento (com tão pouca revisão crítica) às classes jornalísticas, médicas e científicas.

Antes de mergulhar na história, considere esta isenção de responsabilidade pessoal: como médico, minha especialidade médica é na atenção primária; não em doenças tropicais ou neuropediatria. Nunca vi ou tratei a doença do Zika nem a microcefalia congênita. Não sou pesquisador médico, e nem autoridade brasileira; e assim mesmo, como o Mágico de Oz não precisou de bruxaria (mas apenas de observação cuidadosa) para perceber e interpretar a bravura do Leão; a inteligência do Espantalho; ou o coração do Homem de Lata - avaliei os eventos e as evidências de Zika-microcefalia; estudos e resultados pelos padrões do método científico - e fiz determinações lógicas. Conforme os dias, meses e anos continuam a passar sem qualquer replicação da conexão Zika-microcefalia originalmente reivindicada (felizmente) - sua teoria subjacente parece cada vez mais duvidosa...

A teoria da microcefalia Zika é válida se seus resultados nunca foram repetidos em nenhum outro lugar ou em qualquer outro momento após o original em 2015 NE Brasil?

Com cada ano após as alegações originais de uma pandemia de microcefalia Zika continuando a não demonstrar nenhum aumento na microcefalia, em todo o mundo, a teoria parece cada vez mais improvável. Então esta bola oito mágica diz "MUITO DÚVIDA", todos os sinais apontam para "não".

No entanto, não houve retratação por parte dos cientistas, instituições, universidades, ministérios da saúde e organizações de saúde pública centrais (como o CDC e a OMS) para o disparo de alarmes em 2016 - e, como resultado, nenhum alívio para um bilhão de mulheres em idade reprodutiva nos trópicos, convencidas que eram vulneráveis, que continuam a temer que uma picada de mosquito aleatória prejudique irreversivelmente suas esperanças acalentadas dentro de si. Imagine ter essa pressão adicional durante a fase mais preciosa da vida de um casal, trazendo uma nova vida à existência.

Não há vergonha de ter sido convencido na época, preocupado com qualquer potencial inadequação em resposta à anunciada emergência de pandemia de Zika; no entanto, é lembrado o conceito de Churchill[8] de que um ceticismo saudável coincide com uma maior experiência e familiaridade com a história.

As pessoas me perguntam "Por que **você** está escrevendo um livro sobre Zika?" Fiquei interessado (mas confuso) quando encontrei pela primeira vez o tópico nas notícias do início de 2016, acreditando que dentro dessa estranha nova conexão com a doença havia algo médico e logicamente errado. Qualquer resposta conclusiva, entretanto, teria que esperar até que a doença seguisse seu curso de uma forma ou de outra. Três anos depois, instigado por uma republicação espontânea de uma pergunta minha na "Memória do Facebook", fiquei curioso mais uma vez.

Randy Bock
January 30, 2016

Estranhamente, os gêmeos da história #ZIKA da primeira página do #WSJ: apenas um tem microcefalia. Refutando a teoria da exposição congênita?

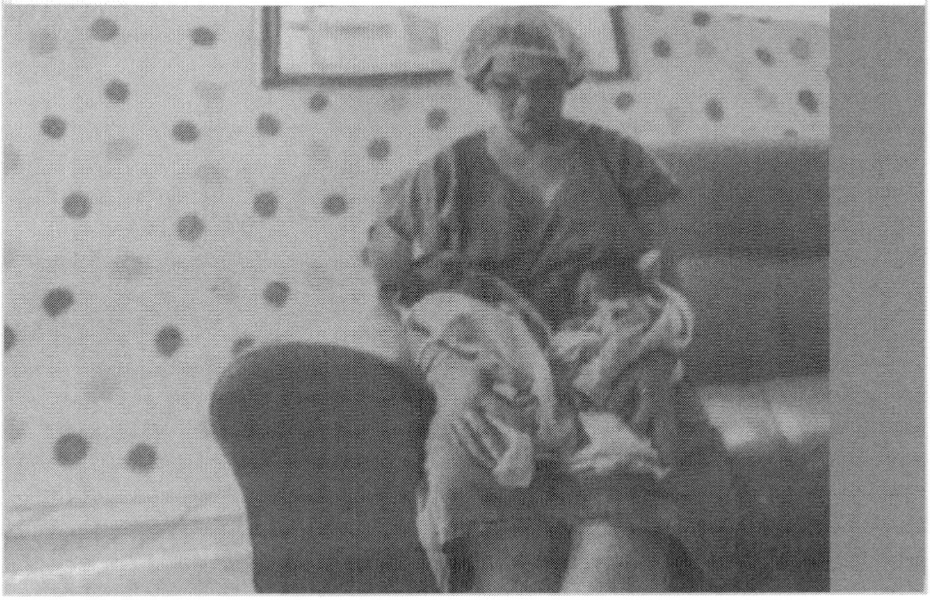

Há muito sobre o que ser curioso. Quem ouve fica surpreso que ao longo de 2015 não havia testes clínicos de Zika disponíveis em qualquer lugar do Brasil, que toda a teoria evoluiu sem um único caso de Zika confirmado, em tempo real. Além disso, não havia nenhum registro brasileiro de microcefalia disponível para determinar um aumento, nenhum padrão diagnóstico firme; nenhuma verificação em retrospecto; e nenhum aumento no ano seguinte.

No final de 2019, concluí um relatório de revisão de 800 palavras, pensando que seria um desastre publicá-lo, pois isso poderia derrubar o paradigma da microcefalia do Zika. No entanto, minha revisão chamada "*Lições da Explosão da Bolha do Zika*"[9] foi rejeitada por todos os principais jornais médicos, científicos e meios de comunicação. A American Greatness se arriscou em março de 2020, mas a essa altura a Covid já havia chegado.

Certos editores de revistas médicas e escritores de ciência sentiram que "não era mais o momento certo" para falar sobre o Zika, temendo que meu relatório pudesse diminuir a confiança nas iniciativas de saúde pública da Covid. Isso ignora que o público (o "público" em "saúde pública") é composto por adultos pensantes, que entendem a importância das diretivas durante uma emergência, mas que também valorizam o respeito dado na reconsideração. A confiança em nossas instituições aumenta quando sabemos que são resilientes e confiantes o suficiente para não serem ameaçadas pela falibilidade.

Um "erro" foi cometido com dezenas de milhões de brasileiros, mulheres jovens que começaram suas famílias - principalmente aquelas pobres, menos capazes de evitar o mosquito Aedes aegypti. Além disso, os pobres e menos instruídos continuam menos propensos a receber informações sobre o aparente desaparecimento do Zika e / ou Zika-microcefalia nesse ínterim. Médicos e pesquisadores que originaram esta série de conjecturas não tiraram vantagem conscientemente da população; no entanto, eles não voltaram atrás para razoavelmente desfazer o alarme. Em vez disso, a teoria é continuamente sustentada por alegações de cepas variantes, imunidade oculta e reatividade cruzada da dengue.

O ***Desconstruindo o Zika*** cresceu para cobrir um problema maior do que o Zika: o processo de decisão frequentemente aleatório em torno do que é reivindicado como "ciência" - e então fixado na imaginação (mais tarde para se tornar operacional na esfera política) como "conhecimento". As decisões de saúde pública têm enormes ramificações. Para que funcionem melhor para as pessoas, deve haver um processo de garantia de qualidade, auto-observação e reavaliação. Interrupções repentinas no equilíbrio entre evitar riscos e o exercício da liberdade abrem um caminho para graves problemas secundários: excesso de mortes por opióides após Covid; redução de nascimentos após o Zika. Da mesma forma, os recursos dedicados sem base sólida (por exemplo, para o Zika) invariavelmente resultam em déficits em outros lugares.

Sinopse

Um atalho para eventos no livro (ou pule para o capítulo 1):

- O Zika foi descoberto em Uganda em 1947 e, até 2015, nunca havia sido considerado responsável por nenhuma doença humana. Nunca tinha aparecido nas Américas, em absoluto. Não havia capacidade de teste de Zika nas clínicas médicas em nenhum lugar do planeta até o ano seguinte, pelo menos.
- Em meados da década de 2000, houve um "burburinho" sobre o Zika, à medida que certos casos de dengue no Pacífico foram renomeados em um local remoto, pelo CDC.
- O Zika foi "descoberto" no Brasil em abril de 2015, por médicos semi-independentes (Drs. Carlos Brito e Kleber Luz) e pesquisadores (Drs. Silvia Sardi e Gubio Soares Campos, "**S&SC**"). Eles determinaram e atribuíram o Zika a um conjunto de pacientes com dengue mais brandos e outros com dor e erupção na pele. Não houve exames laboratoriais ou confirmações clínicas em nenhum paciente específico, em tempo real.
- Os "primers" do teste de PCR para Zika do laboratório de pesquisa da **S&SC** foram deixados por um pesquisador senegalês visitante no ano anterior e nunca foram confirmados pelo "FDA" (Food and Drug Administration - Administração de Comidas e Drogas, agência que cuida da segurança desses produtos) do Brasil ou outros pesquisadores quanto à eficácia ou precisão.

- Zika e dengue são física e geneticamente quase idênticos, portanto, apresentam reatividade cruzada em laboratório. Notavelmente, a dengue é endêmica nas áreas estudadas e nunca causou microcefalia congênita.
- Houve resistência dos pesquisadores institucionais que apontaram as falhas nas alegações sobre o Zika, mas elas foram anuladas por meio do vazamento da **S&SC** para a imprensa popular, criando uma história que ganhou vida própria, independente de revisão.
- A fama médica (/ notoriedade) atribuída àqueles que são capazes de encontrar NOVAS DOENÇAS. Carreiras foram feitas, incluindo **S&SC**.
- Completamente separadamente, a microcefalia foi declarada "epidemia" por um pequeno grupo de neuropediatras em Recife, SEM fazer referência a nenhum dado de registro de microcefalia do ano anterior, sem envolver estudo de pesquisa institucional ou apoio.
- 2015 - a ausência de um registro nacional de microcefalia no Brasil impedia qualquer revisão de dados comparativos; além disso, mesmo que houvesse, teria sido relativamente sem sentido, dada a completa ausência de padrões diagnósticos consistentes para microcefalia. Os padrões internacionais comumente aceitáveis ainda não haviam sido adotados. Pouco depois da declarada epidemia, os padrões foram muito mais rígidos.
- O Dr. Carlos Brito, do Recife, foi trazido pelo Ministério da Saúde para avaliar a situação da microcefalia e rapidamente associou o aumento percebido localmente ao Zika (o que, se fosse um acordo de negócio, poderia ser visto como um "conflito de interesses").

- O Dr. Brito perguntou a mães com microcefalia (e aparentemente não perguntou a qualquer grupo de controle) retroativamente sobre erupções cutâneas, e dores que PODERIAM ter tido meses antes, durante a gravidez de primeiro trimestre, determinando-as como casos de Zika, sem confirmação laboratorial.
- Nenhum teste de laboratório de Zika estava disponível em qualquer lugar do Brasil clinicamente em 2015.
- A conexão Zika-microcefalia também vazou para a imprensa em um momento em que havia críticas institucionais céticas registradas e em andamento. A notícia ganhou vida própria e logo se tornou um susto mundial, em parte por causa da coincidência das Olimpíadas de 2016 no Rio de Janeiro.
- A microcefalia é uma síndrome rara não atribuível a uma causa específica, exceto para a versão genética muito grave que não é aplicável na saga da microcefalia do Zika.
- Casos confirmados de microcefalia meses depois compõem, em última análise, menos de 5% das reivindicações originais da era do pânico, a grande maioria dos quais presumivelmente representava baixa estatura, prematuridade ou sobrediagnóstico, seja pela pressão do sobrediagnóstico ou após a aplicação de padrões internacionais mais rígidos (um processo que foi implementado pelo menos duas vezes DURANTE a suposta epidemia de microcefalia, reduzindo os números).
- No ano seguinte, quando os padrões de microcefalia foram firmados e os diagnósticos de Zika foram possíveis por meio de laboratório, não houve aumento na microcefalia observada.

- A microcefalia (assim afirmada) se concentrou e coincidiu com o local e o momento do pânico gerado pelas notícias (em Recife e no Nordeste do Brasil), e não com a própria área de distribuição do mosquito vetor. Isso difere da doença da dengue (Zika-gêmeo), que ocorre quando e onde está o seu vetor compartilhado (mosquito Aedes aegypti).
- Mesmo no próprio Recife, a microcefalia "aparece" em certos bairros em ordens de magnitude mais do que outros, ou seja, bairros ricos não exibiam microcefalia, embora não houvesse razão para ser excessivamente cauteloso em relação aos mosquitos em qualquer parte da cidade tropical no ano anterior. Discutivelmente, pessoas ricas têm melhores redes mosquiteiras - mas também têm menos exposição aos inseticidas CMV (citomegalovírus), alcoolismo, uso de drogas e outros fatores que levam à prematuridade.
- O Nordeste do Brasil é pobre, etnicamente mais baixo em estatura, com muito mais prematuridade e outros problemas maternos auxiliares que acompanham a microcefalia. Os "índios" do Recife são fisicamente menores do que os etnicamente europeus a partir dos quais os padrões de microcefalia foram desenvolvidos no sul do Brasil mais europeu (Rio de Janeiro, São Paulo). E seus bebês também.
- Uma confluência de interesses ajudou a moldar e impulsionar a narrativa do Zika-microcefalia, evitando o reexame científico necessário que o caso merecia.
- A chama da conexão Zika-microcefalia foi alimentada por preocupações sociais e políticas alinhadas com sua

continuação; por exemplo, como um meio de reverter as proibições de aborto no Brasil (católico).

- A ex-presidente que enfrentava impeachment, Dilma Rousseff, encontrou uma aliada na doença como uma convocação nacionalista, atraindo as tropas.
- Solicitações para interrupção completa da gravidez (vindas de alguns ministros e defensores da saúde) "As mulheres precisam evitar a gravidez de alguma forma. Porque claramente nada mais salvaria seus bebês."
- O Norte do Brasil é (relativamente) cronicamente empobrecido, tem pele mais escura e menor infraestrutura de saúde. Zika / microcefalia foi visto por alguns como uma ferramenta para abordar questões de "equidade". O dinheiro para pesquisa fluiu durante a emergência do Zika de bolsas da OMS, CDC, e de outros países.
- Havia também a tensão entre as instituições de pesquisa e a "ciência" oficial versus os médicos mais "carismáticos" (tanto no sentido religioso quanto pessoal da palavra) que pressionavam, em certo sentido, pela bênção deste raro problema - mas uma bênção pela qual essas outras desigualdades e desigualdades seriam revertidas.
- Fundos nacionais concedem estipêndios para mães com bebês considerados microcefálicos por causa do antigo Zika.
- A partir do ano seguinte (2016) em diante, com o teste de Zika gradualmente sendo implementado, medições e padrões de microcefalia mais refinados e consistentes, e consciência geral - **o Zika-microcefalia DESAPARECEU como um fenômeno**. Não se repetiu

no suposto hotspot (Nordeste do Brasil), nem em qualquer outro lugar do globo.

- Reconstruções retrospectivas de modelagem de dados lançam dúvidas de que houve algum aumento genuíno na microcefalia em primeiro lugar. Esses estudos parecem não ter sido amplamente divulgados ao público, nem adequadamente adotados na academia científica para forçar reconsiderações.
- O Zika, quando visto em outros países, não trouxe aumento nas taxas de microcefalia.
- Albert Einstein disse: "Existe um velho ditado: 'Se os fatos não se encaixam na teoria, mude a teoria.' Mas muitas vezes é mais fácil manter a teoria e mudar os fatos."
- Nos anos seguintes de dormência ou ausência completa de Zika-microcefalia, a teoria não foi negada. Em vez disso, tem havido esforços para "manter a teoria e mudar os fatos" essencialmente, visto que várias teorias têm surgido para explicar por que o Zika-microcefalia nunca voltou a ocorrer. Os pesquisadores afirmam que o desaparecimento contínuo é porque naquele um ano havia uma "cepa mutante" particularmente perigosa. Outros afirmam imunidade imediata ao Zika em toda a linha, ou melhor conscientização e prevenção para evitar recorrências. Mas nada disso realmente se mantém quando se é dado um foco genuíno e comparando os resultados de outros países, de outros anos. Esses lugares não seriam capazes de criar imunidade, mas não tiveram o problema de maneira alguma.

- O financiamento da pesquisa, uma vez "ligado", é direcionado para se manter "ligado" pelos próprios pesquisadores. Ninguém admite erro. Obviamente, não haverá retrações, nem reformulações, apesar da maciça AUSÊNCIA de mais dados de apoio nos próximos anos em base epidemiológica e populacional.
- O Zika pode não ser mais a grande notícia, mas avisos sobre a exposição ao ar livre ainda são dados a futuras mães nos Estados Unidos e em outros lugares do mundo. Deveria ser removido como um conceito.
- A OMS, o CDC, especialistas em saúde e epidemiologistas são compreensivelmente eficazes durante as emergências, mas nem tanto na autocorreção. Mandatos podem ser cumpridos, mas a confiança genuína requer trabalho.
- Literalmente milhares de artigos foram escritos sobre o Zika pós-2015 e, aparentemente, nenhum questiona as premissas subjacentes.
- "CIÊNCIA" pode ser definida tanto como um corpo de conhecimento, como o processo refinado e reproduzível de coletar e confirmar esse conhecimento. Assim, "questionar a ciência" é "ciência". A ciência não tem um "tribunal" oficial para determinar as decisões; em vez disso, há uma discussão livre e aberta principalmente por meio de artigos de periódicos - embora visões opostas sobre este tópico não sejam muito visíveis, mesmo com a falta de sustentação da teoria nesse ínterim. A ciência, em última análise, não fará bem ou não será confiável se incorporar mais aspectos de um sacerdócio do que de um debate.

Sinopse ainda mais curta: o método científico (para testar teorias) não foi seguido e respeitado. Muito pouco foi feito para a etapa #2.

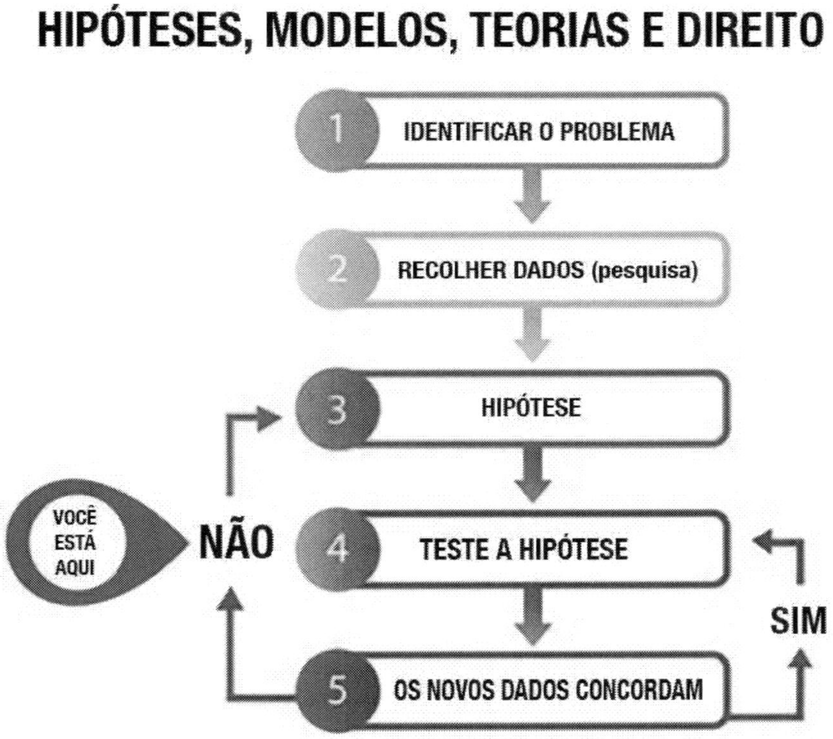

Vazamentos de conjecturas na mídia levaram ao pânico e comprometeram o momento e a capacidade de reunir dados adequados para aplicar a hipótese do Zika-microcefalia. Os experimentos são difíceis ou impossíveis ao lidar com doenças humanas graves; no entanto, quando não ocorreram recorrências ou ocorrências em qualquer outro local ou momento, a hipótese deveria ter sido rejeitada ou reconfigurada. ***Desconstruindo o Zika*** representa a explicação de por que "Você está aqui", reconhecendo que os dados subsequentes não concordam com as premissas e conjecturas originais de que o Zika causa microcefalia.

1. Introdução: Como Um Cometa, O Zika Brilhou Intensamente e Depois Desapareceu

O vírus Zika explodiu dos trópicos do Brasil e virou notícia em 2016, como uma vasta, nova e perigosa ameaça à saúde global, ameaçando uma pandemia de nascimentos de bebês microcefálicos. Anteriormente, nos 60 anos desde sua primeira detecção, o Zika não tinha consequências humanas, e era conhecido apenas por especialistas em doenças tropicais.

Instantaneamente, após o anúncio de uma conexão mosquito-Zika-microcefalia não comprovada, o Brasil virou de cabeça para baixo: uma população em pânico permaneceu em casa; 220.000 soldados brasileiros foram desviados para medidas de saúde pública, incluindo "prevenção de mosquitos de porta em porta"; avisos de viagens ameaçaram o descarrilamento dos Jogos Olímpicos do Rio de 2016; repelentes de insetos desapareceram das prateleiras; e certas autoridades de saúde sugeriram que as mulheres evitassem a gravidez indefinidamente![10]

Previa-se que uma disseminação mundial alcançaria áreas tropicais semelhantes, que abrigam 40% da população mundial, 3,3 bilhões de pessoas. Com estimativas da taxa de microcefalia do Zika em 2,3%,[11] o Zika ameaçou anualmente mais de um milhão de nascimentos microcefálicos - sem vacina, sem tratamento e sem fim à vista![12]

No Brasil, as diretrizes governamentais e o temor geral EVITARAM ~ 120.000 nascimentos, quase a totalidade dos quais seriam crianças normais.[13] Rotulado pelo *Dr. Anthony*

Fauci, em fevereiro de 2016 como uma "pandemia explosiva",[14] o Zika, compreensivelmente, dominou as notícias.

Nos anos seguintes, não houve **nenhum ponto** crítico de microcefalia para Zika - apesar de uma vigilância médica global bem financiada ter encontrado soropositividade para Zika em todos os continentes habitados desde então. Por exemplo, o Zika era endêmico no Rajastão, Índia, em 2018, mas sem nenhum aumento na microcefalia.[15] Muito parecido com um cometa, o Zika brilhou intensamente e depois desapareceu de vista.

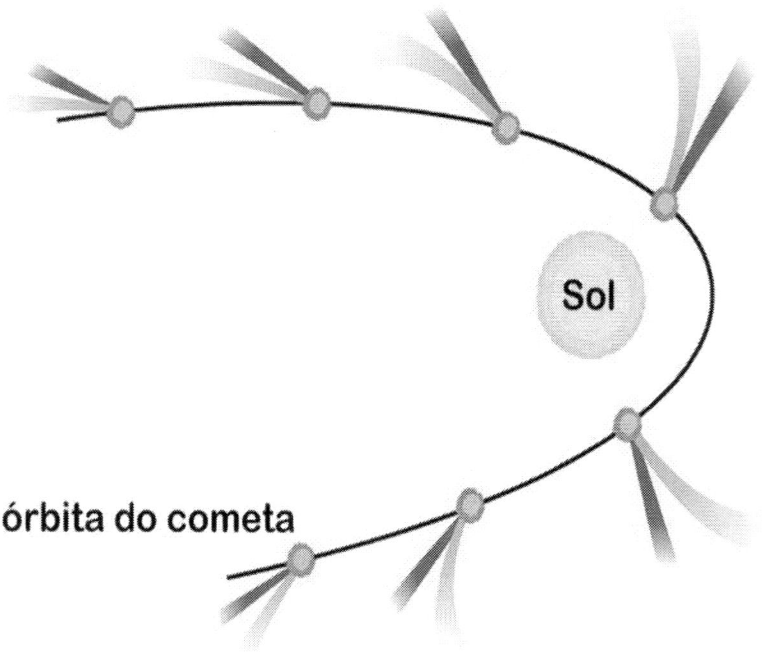

No entanto, quase 2 anos inteiros após o contínuo desaparecimento do Zika – em dezembro de 2017, o Dr. Fauci (com toda a sua importância e implicações para o seu NIAID) talvez continue a ver o Zika como mais do que talvez seja ou já tenha sido.

O Jornal de
Doenças infecciosas

Pandemia Zika: um desafio formidável para a medicina e a saúde pública

David M Morens Anthony S Fauci dezembro de 2017

Como essas palavras resistiram ao teste do tempo?

"Finalmente, é importante não assumirmos que a pandemia do Zika é uma crise única que pode ser enfrentada, controlada e depois esquecida ou relegada à revisão histórica. Nas últimas 4 décadas, vimos o surgimento de uma nova era de doenças infecciosas... Todo o mundo tropical e grande parte do mundo temperado estão agora em risco e provavelmente continuarão em risco no futuro próximo. A forma como lidamos com a pandemia de Zika provavelmente se tornará um roteiro para desafios futuros." [16]

O que quer que seja o oposto de “pandemia” é onde a Zika-microcefalia realmente permaneceu em todos os anos subsequentes: ausente do discurso público, das notícias de saúde pública e, felizmente, do próprio público.

> **Qual é o oposto de pandemia?**
>
> anormal, exclusivo, incompleto, infrequente, raro, incomum, incomum local, discreto, separado, único, não

E ainda assim, o Dr. Fauci, o CDC e a OMS não recuaram do Zika como uma ameaça. Agora, é claro, o interesse "pandêmico" mudou para COVID-19, ofuscando o "ZIKV-15". Ainda é hora de discordar do Dr. Fauci e presumir que "a pandemia de Zika (na verdade) ***É*** uma crise única", pronta para ser "relegada à revisão histórica"?

Mesmo que o ***Desconstruindo o Zika*** responda "sim", não devemos esquecer as vastas interrupções pessoais, políticas e comerciais do Zika - o que o Dr. Fauci alegremente recomendou como o "***roteiro para desafios futuros***" da pandemia do Zika. Na verdade, pode muito bem ter sido apenas isso, com suas restrições de viagens, medo, mobilizações políticas (cooptar um vírus para fins sociais e mudanças de poder), interrupções econômicas e fechamentos, estresse social, declaração de uma emergência mundial de saúde e obstrução de narrativas contrárias que refletem dúvidas.

O sucesso dos Jogos Olímpicos do Rio 2016, planejados por muito tempo, fortemente investidos e esperados com alegria, foi prejudicado e rebaixado. As proibições ao aborto no Brasil, predominantemente católico, foram contornadas e questionadas.[17] A presidente em apuros (e impeachment), Dilma Rousseff, tentou reunir sua base convocando os militares e aplicando medidas e restrições substanciais de saúde pública.[18]

Fora do Brasil, os medos persistem: a possível ruína da vida de uma futura criança; com retardo mental severo resultante de apenas um vírus desconhecido e estranho, se originando apenas de uma picada de inseto. Mesmo assim, apesar de todas as previsões sombrias, as profetizações em torno do Zika nunca se concretizaram. E mais além, a "ciência" nunca se retratou da teoria do Zika-microcefalia. Houve algumas contorções anunciando cepas variantes, ou imunidade subjacente, como tendo prevenido qualquer recorrência no Brasil, ou surgindo em qualquer outro lugar. Vamos investigar o que aconteceu durante a pandemia do Zika e descobrir o que podemos aprender com isso, hoje em dia.

Os resultados podem surpreender.

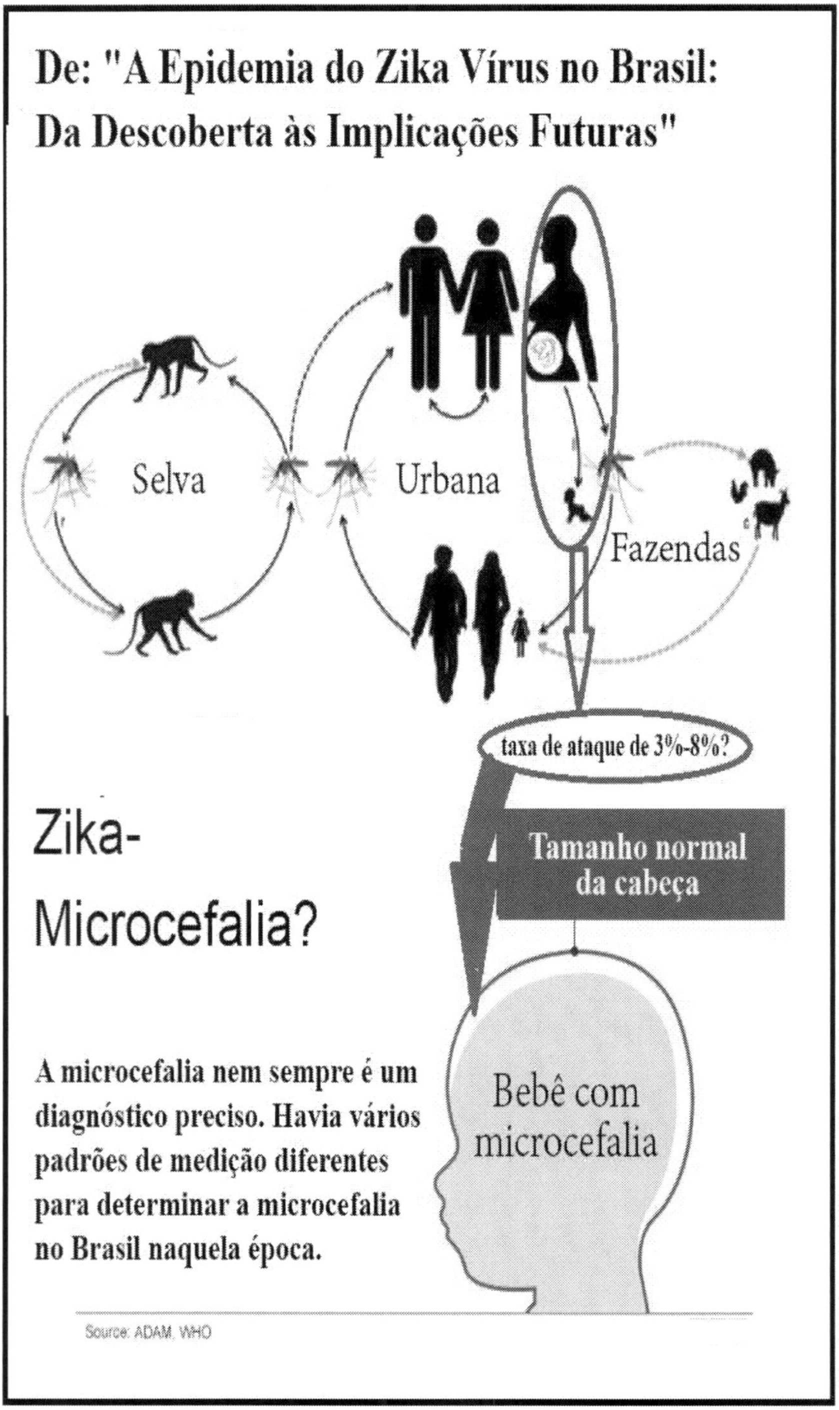
De: "A Epidemia do Zika Vírus no Brasil:
Da Descoberta às Implicações Futuras"
Selva
Urbana
Fazendas
taxa de ataque de 3%-8%?
Zika-
Microcefalia?
Tamanho normal
da cabeça
Bebê com
microcefalia
A microcefalia nem sempre é um diagnóstico preciso. Havia vários padrões de medição diferentes para determinar a microcefalia no Brasil naquela época.
Source: ADAM, WHO

2. Zika, Um Choque Para O Sistema

Ao contrário do COVID-19, que é um renascimento (de certa forma) de uma doença CONHECIDA (coronavírus SARS original de 2003) - o potencial alegado do Zika, de causar microcefalia congênita, foi "*um choque para o sistema*" de um vírus essencialmente completamente desconhecido socialmente e até mesmo medicamente (exceto para especialistas em doenças tropicais). Em toda a sua história conhecida, datada desde sua identificação em 1947 em Uganda, o Zika havia causado um total de ZERO problemas graves anteriores em humanos.[19] As populações da África Ocidental, testadas para Zika já na década de 1970, tinham alguma imunidade de fundo, sem registros de aumento de microcefalia em nascimentos por mães infectadas.

Portanto, quando se acreditava que o vírus Zika, anteriormente totalmente benigno, assumia um papel maligno na gravidez, era compreensível que advertências e avisos fossem feitos e transmitidos. Em retrospecto, deveria ter havido uma maior ênfase nas análises comparativas de dados e na revisão científica validada - junto com um ceticismo geral, na ausência dos mesmos. Era (e continua sendo) altamente improvável que o Zika (sozinho em sua família Flaviviridae[20]) cause defeitos de nascença; ainda mais, muito repentinamente após 60 anos de contato humano inteiramente inócuo.

Os flavivírus não são nada raros. A mais "famosa" da família flaviviridae, a hepatite C (HCV), infecta milhões em todo o mundo - sem nenhuma microcefalia; na verdade, sem defeitos de nascença:

"No geral, não há efeito deletério aparente da gravidez no curso da infecção pelo HCV: nenhuma evidência que sugira um aumento no número de anomalias congênitas em crianças nascidas de mulheres infectadas pelo HCV."[21]

O subconjunto de arbovírus ("***ar***thropod-***bo***rne ***virus***", ou seja, mosquito-transmitido) e flavivírus: febre amarela, dengue, encefalite japonesa e do Nilo Ocidental –

"Têm sido associados a doenças humanas desde os tempos antigos. Descrições históricas confiáveis de epidemias causadas pelo que parece ser o vírus da febre amarela foram documentadas já em meados de 1600."[22]

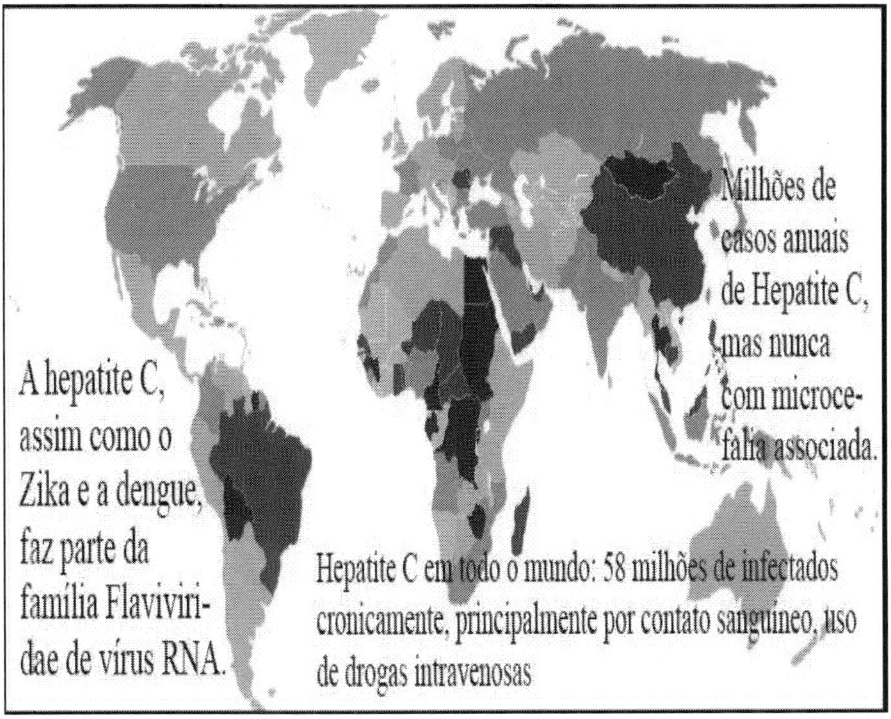

Seus perigos, ao longo dos séculos, nunca foram sofridos pelos embriões gestantes do receptor (protegidos pela barreira placentária).[23]

- O CDC declara que "a infecção por flavivírus durante a gravidez não causa defeitos de nascença em humanos."[24]

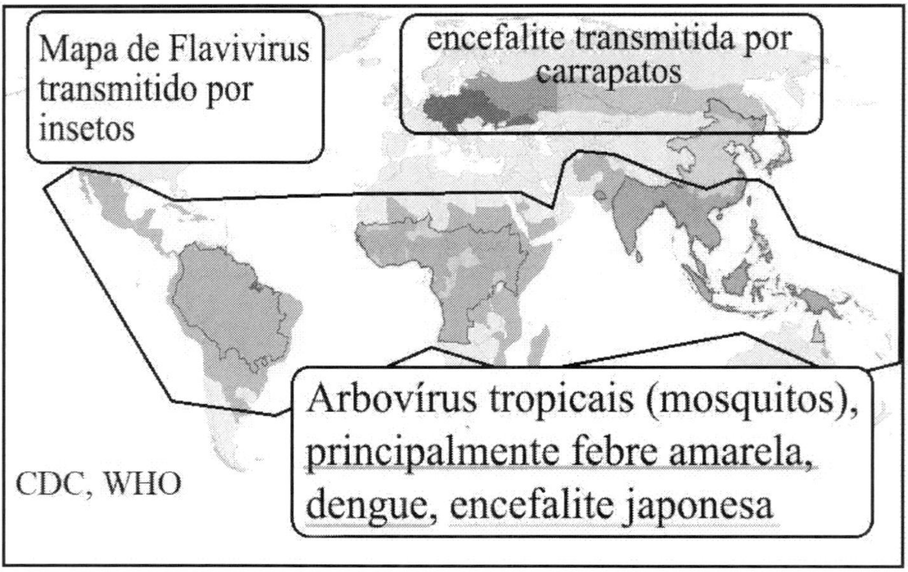

O Zika permaneceu desconhecido - por não haver urgência ***para*** conhecê-lo. Na época em que seus ministros da saúde declararam uma emergência de saúde pública, o Brasil (como praticamente todos os outros países do planeta) tinha ZERO registros anteriores de Zika, não apenas como uma doença - mas ***EM QUALQUER MODO***! Mesmo durante o ano pandêmico de 2015, ***NUNCA*** *foi diagnosticado um único paciente ativo com Zika*!

Em resumo, o Zika nunca foi visto, testado, registrado ou diagnosticado como doença humana nas Américas (do Norte ou Sul) até e INCLUINDO seu suposto ano de pandemia, 2015. Nenhum vírus dos flavivírus (família ou gênero) havia sido associado com defeitos congênitos em geral - ainda mais especificamente a este: microcefalia. Portanto, era clinicamente improvável que o Zika fosse considerado uma causa de microcefalia. Outra improbabilidade, coberta mais tarde, é que esse aumento da microcefalia no Brasil não havia sido documentado estatisticamente na época em que foi anunciado.

3. Zika, Dengue: "Separados No Nascimento"?

Na preparação para a pandemia de Zika-microcefalia de 2015 no Brasil, houve pequenos rumores na comunidade médica acadêmica sobre a doença pelo Zika pela primeira vez, após um episódio de 2007 nas Ilhas Yap (leste das Filipinas), onde houve uma doença caracterizada por erupção cutânea, conjuntivite e artralgia (dor nas articulações, a marca registrada da dengue, também conhecida como a "febre quebra ossos"[25]). Na verdade, os médicos de Yap receberam a confirmação laboratorial de suas suspeitas clínicas de ***dengue***. Meses depois, no entanto, o teste de RT-PCR do Laboratório de Arbovírus do CDC sugeriu uma correspondência com o Zika.

Quando os árbitros apitam um jogo de futebol americano, jogadas terminadas podem ser revistas, e "a decisão no campo" pode ser anulada. Algo semelhante ocorreu quando o CDC rejeitou o diagnóstico clínico e laboratorial de dengue dos médicos de Yap. O anúncio dos resultados laboratoriais do CDC não considerou os sintomas - ou pesou a inofensividade de longa data do Zika em oposição ao perigo persistente da dengue; muito menos a confusa e descoordenada reatividade cruzada das duas doenças no laboratório.

Zika e dengue são quase indistinguíveis, visualmente, geneticamente e molecularmente.[26] O programa de divulgação científica da Rockefeller University ajuda a visualizar essa semelhança da Dengue-Zika com o criativo "Vírus Origami"[27] (usando modelos do Research Collaboratory for Structural Bioinformatics (RCSB) Protein Data Bank (PDB)), capitalizando a simetria icosaédrica dos Flavivírus.[28] Para aqueles que não estão familiarizados com essa forma, uma bola de futebol é um "icosaedro truncado", com seus pentágonos pretos resultantes refletindo cada junção de cinco triângulos.[29]

Junte as formas de "origami" e você terá uma aproximação razoável das conchas de proteína do vírus da dengue e do Zika.[30]

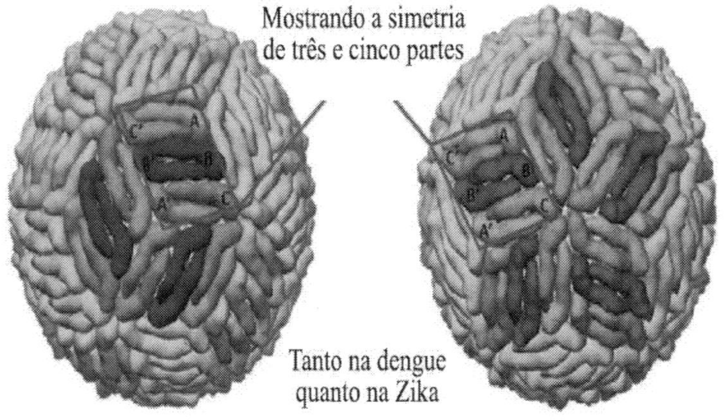

de "...Proteínas de Zika versus Dengue Vírus" Sci Rep 10, 8411 (2020)

Essa semelhança Zika-dengue foi recentemente reforçada em estudos que mostram que a imunidade a um pode cobrir o outro. Em um estudo de 2020 mostrando o "impacto da imunidade induzida pela vacina contra flavivírus na resposta primária de anticorpos ao vírus Zika em humanos", observou-se uma "forte resposta anamnésica em indivíduos pré-vacinados".[31] Isso significa que houve uma reação aprimorada do sistema imunológico do corpo aos antígenos do Zika porque eles estavam relacionados a um Flavivírus ou antígenos da dengue encontrados anteriormente. Aqui está um diagrama deste artigo mostrando a relação muito próxima entre as proteínas estruturais do Zika e da dengue.

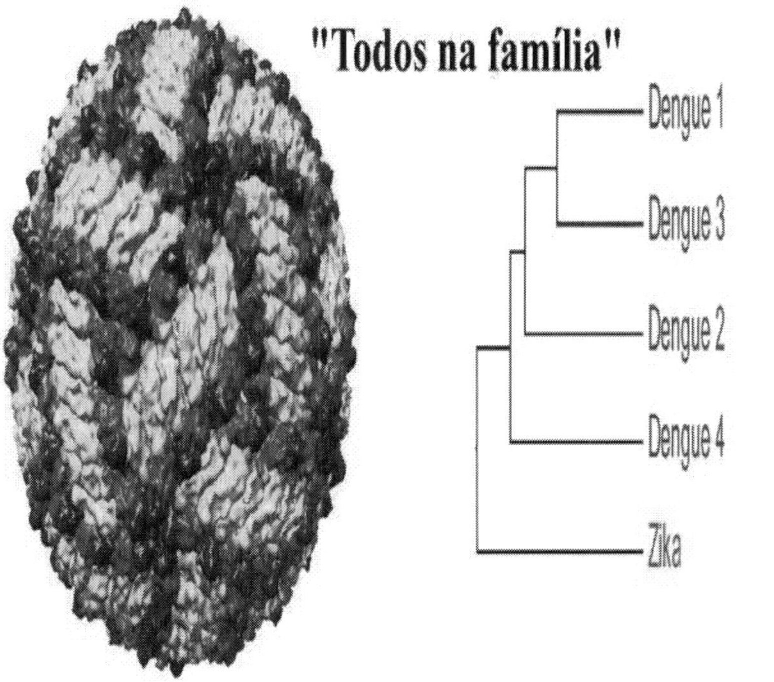

"Muitas pessoas em risco de zika são pré-imunes devido à infecção anterior pelo vírus da dengue (ou outras vacinas contra flavivírus)."

de: Impacto da imunidade induzida por vacina contra flavivírus na resposta primária de anticorpos ao vírus Zika em humanos, PLoS Negl Trop Dis

Aqui está uma representação gráfica dos domínios de proteína comparáveis entre diferentes cepas de Zika e dengue.[32] Quanto mais próximas as linhas se tornam, maior é a semelhança.

Comparação da conservação da estrutura e sequência da proteína E do flavivírus entre Zika e dengue. (ou seja, muito semelhante)

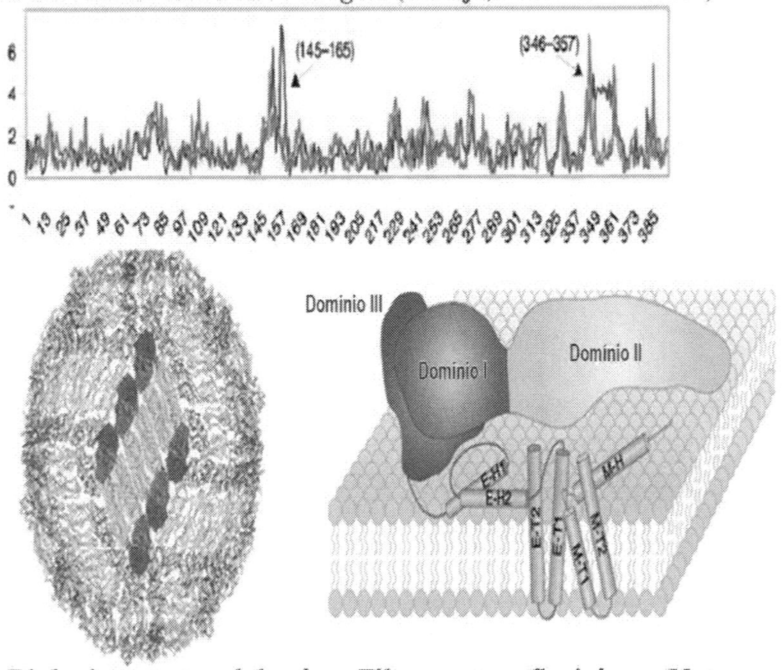

de Biologia estrutural do vírus Zika e outros flavivírus - Nature Structural & Molecular Biology | VOL 25 | JANEIRO DE 2018 |13-20 | www.nature.com/nsmb

Ampliando ainda mais de perto, um estudo recente (2021) mostrou um lipídio ordenado que está presente apenas nas formas maduras de Zika, dengue (e seu primo Flavivirus menos prevalente, o vírus Spondweni).[33] As semelhanças até o nível molecular provavelmente tornam o Zika e a dengue mais próximos do que quaisquer dois biscoitos de chocolate do mesmo lote. Cada espiral é uma proteína, essencialmente idêntica em um vírus ao outro – mas não vista em outros vírus fora desse trio.

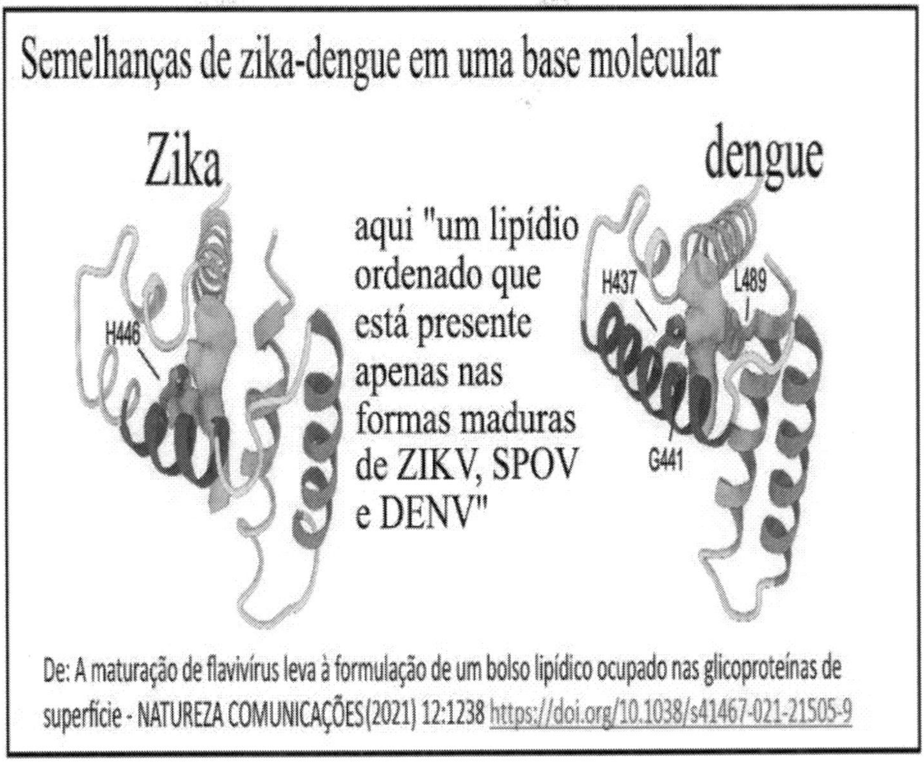

Entre esses gêmeos biológicos, o diagnóstico cruzado equivocado é quase um dado adquirido. Essa reatividade cruzada dengue-Zika nunca foi considerada um problema porque apenas a dengue estava ativa e testada. Foi somente no ano APÓS o pânico da microcefalia com Zika-microcefalia no Brasil que alguns laboratórios clínicos começaram a estocar e aplicar testes de Zika.

No entanto, a academia médica aceitou o influente chamado do CDC, reativando o Zika de uma dormência anteriormente bem merecida; atribuindo-lhe um novo papel como agente viral de mistério. Sem os séculos de familiaridade clínica dos outros flavivírus, o Zika estava disponível como um recipiente vazio -

para ser preenchido com poderes não comprovados que faltavam em seus conhecidos primos virais.

A partir desse cálculo apressado de elevar o Zika à condição de doença, qualquer um desses três cenários é possível:

- Zika e dengue não estão apenas próximos geneticamente, mas também clinicamente: implicando que antes que os testes avançados existissem, ambos foram incluídos na rubrica de "dengue", uma situação que o CDC (através de sua decisão de Yap) corrigiu. ***OU***...
- Houve uma necessidade de reduzir o alcance da dengue, atribuindo incorretamente os casos genuínos de dengue a uma novidade mais exótica (e financiada por pesquisa), o Zika. ***OU***...
- O laboratório do CDC errou ao mostrar o Zika de forma cruzada quando, na verdade era dengue.

É um quebra-cabeça possivelmente sem resposta atual. Também pode ser uma "*distinção sem diferença*"[34] na medida em que ambos são flavivírus transmitidos pelo mosquito Aedes.[35]

Apesar das notícias da primeira (presumível) causa de doença humana do Zika em 2007, ele permaneceu (por enquanto) longe da consciência das pessoas. Ao longo do início dos anos 2000, o Google Trends mostrou apenas o menor volume de um punhado de pesquisas sobre Zika em todo o mundo. Para colocar isso em contexto, o termo obscuro "*Yap*" em si foi cerca de 100 vezes mais popular, mas não por muito tempo. Na "fase de cometa" do Zika (no auge do medo e da notoriedade), ele estava quase em paridade com o "*Brexit*", outro termo "vindo do nada" de 2016.

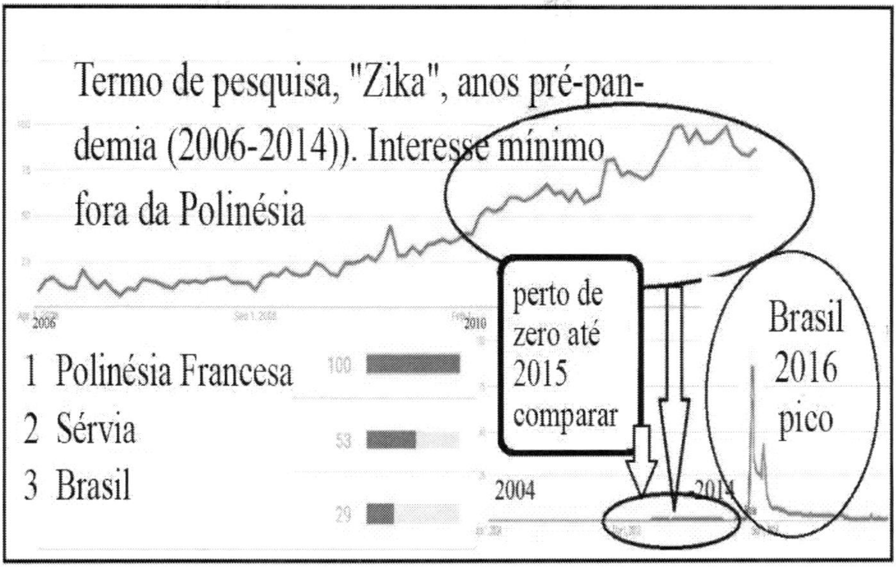

Entre sua descoberta em 1947 na floresta do Zika, em Uganda, e o início dos anos 2000, houve alguns "avistamentos" imunologicamente, mas não clinicamente.[36]

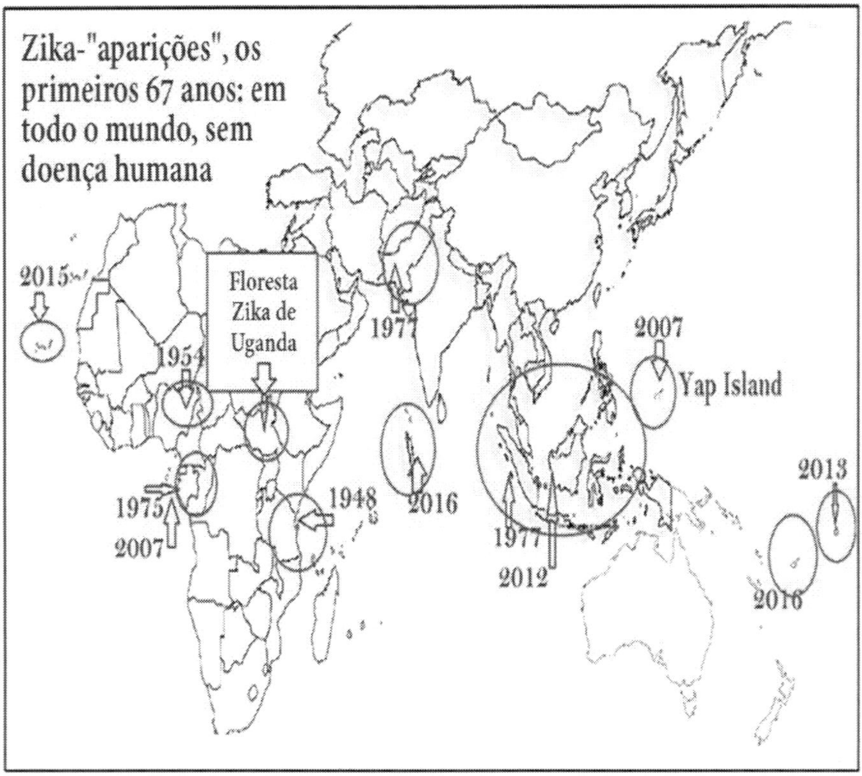

Notavelmente, o mapa mostra geografias distintas que sustentam os dois subgrupos do Zika: a "cepa africana" e a "cepa asiática". Não há nenhuma "cepa das Américas" a ser encontrada - e nenhuma história de Zika no hemisfério ocidental antes do Brasil em 2015.

Havia, no entanto, dengue - endêmica no Brasil desde sua transferência da África algumas décadas ou séculos antes. O primeiro ingrediente necessário da dengue, o mosquito vetor, *Aedes aegypti,* pode ter chegado já no século XVIno Brasil com o tráfico de escravos africanos, sozinho ou em conjunto com seu arbovírus, a dengue, que não foi detectado sorologicamente até os anos 1980.[37]

O Brasil em 2015, sem amplos recursos de teste de Zika ou um suprimento interno de primers para Zika, não tinha algoritmo formal para distinguir o Zika da dengue. Não foi até 2019 que este algoritmo *"Dengue vs. Zika"* específico foi desenvolvido.[38]

Sua complexidade aponta a frivolidade de fazer uma afirmação de diferenciação de Zika (versus dengue) - não apenas sem testes, como foi o caso na primavera de 2015 - mas até mesmo com testes! Esse fluxograma reforça a necessidade de reagentes de alta qualidade e técnicos experientes nessa prática, situação que não poderia ter existido no Brasil até alguns anos depois. E até mesmo anos após a "pandemia" do Zika, há pesquisas contínuas especificamente para desenvolver biomarcadores que diferenciam o Zika da dengue.[39]

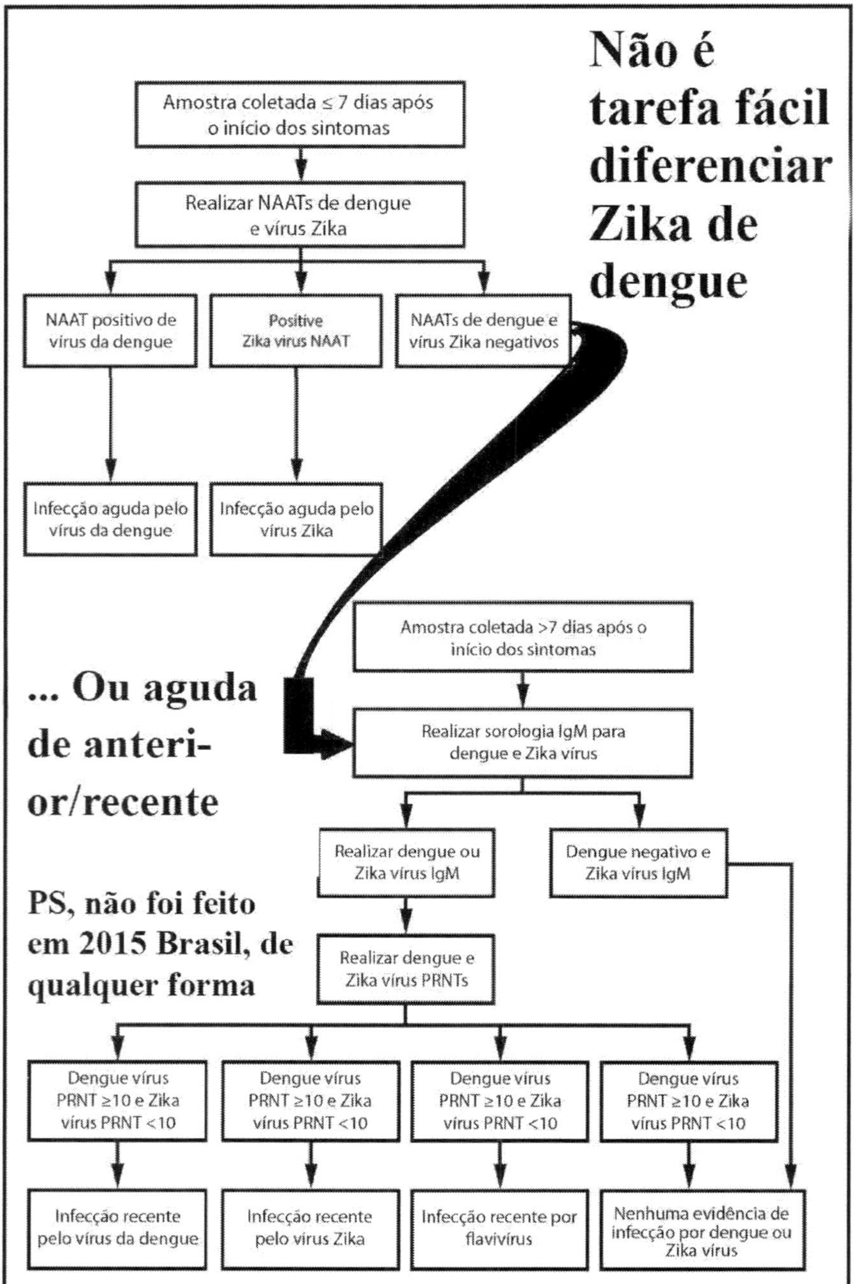

Teste de diagnóstico de dengue e vírus Zika para pacientes com doença clinicamente compatível e risco de infecção com ambos os vírus, MMWR de 2019

4. "A medicina é uma ciência social...

...e a política nada mais é do que medicina em grande escala." - Rudolf Virchow, 1848

O Dr. Virchow, como o "Papa da medicina" do século XIX, e mais tarde político, pensava que "os *médicos são os advogados naturais dos pobres, e os problemas sociais deveriam ser amplamente resolvidos por eles*".[40] Os prováveis atores centrais do Brasil em 2015 - os médicos e cientistas desenvolvendo a tríade de

1. Zika como doença,
2. observação de aumento de microcefalia; e então
3. uma ligação de causalidade Zika-microcefalia

alinhavam-se com os pensamentos do Dr. Virchow sobre ativismo social por meio da medicina; deixando de lado o perigo de que, sem uma ciência fundacional sólida, a medicina se transforme em uma casa construída na areia. Convidar o pensamento político como guia para determinar os objetivos médicos corre os riscos separados de abuso e manipulação.

Indiscutivelmente, isso ocorreu em lugares e momentos na pandemia mais recente. A melhor "ciência" (em ambos os sentidos do termo) - fatos prováveis, assim como o método científico necessário para a prova - só pode acontecer em um sentido duradouro, se sua criação não depender muito da influência social, pessoal ou política na observação e registro dos fatos. A ciência não é poesia ou política - e embora a medicina possa ser usada socialmente, a ciência subjacente a ela não pode ser criada por vontade popular.

Albert Einstein foi questionado:

"Por que o homem (capaz de descobrir a força do átomo) é incapaz de conceber os meios políticos para impedir que ele nos destrua?"

Einstein respondeu:

"Simples... a política é mais difícil do que a física."

O que Einstein diria sobre a "história da criação" com Zika-microcefalia? Provavelmente ele não acharia a ciência tão "difícil" quanto ignorada ou manipulada. Em algum nível, é bastante simples: ***um vírus, uma infecção, um efeito colateral*** - mas a detecção, e um acordo sobre os fatos, tornam-se um tanto mais obscuros. ***Desconstruindo o Zika*** espera que o Sr. Einstein tenha apreciado este diagrama de "simplificação". Pode ser um pouco demais para digerir tudo de uma vez neste ponto, mas as informações virão mais tarde em ***Desconstruindo o Zika.***

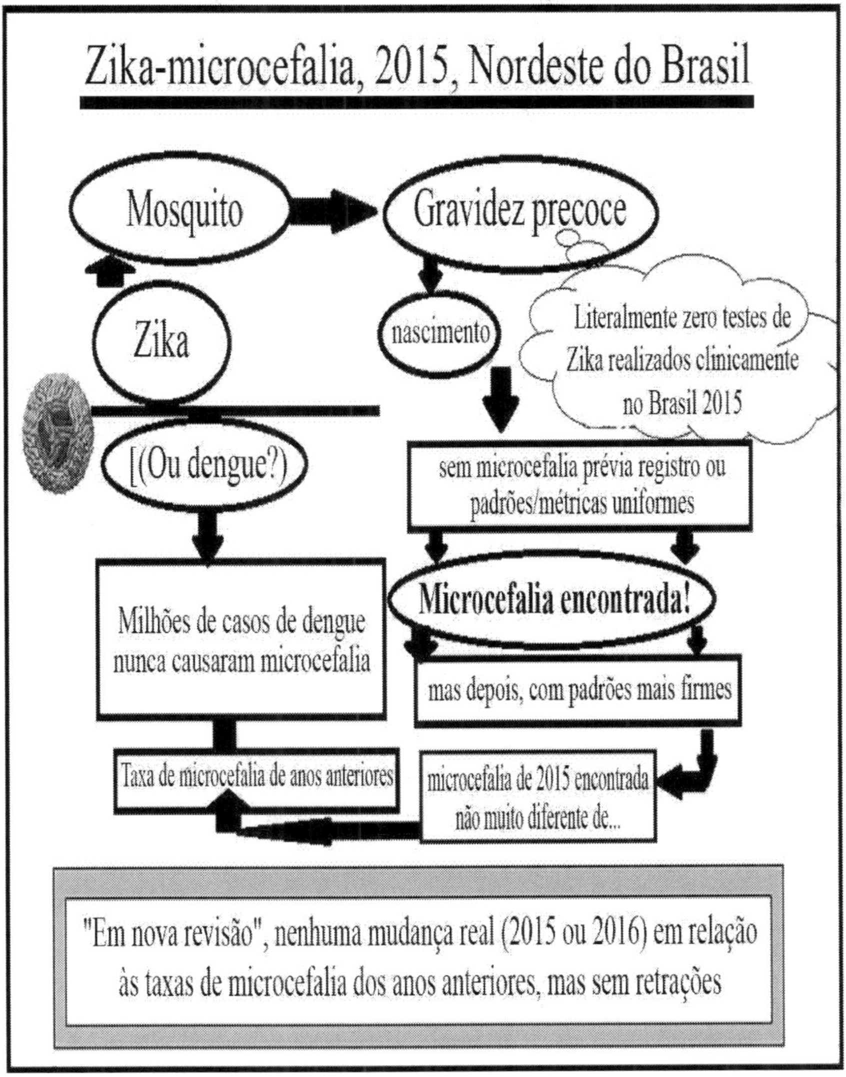

A microbiologia e os diagnósticos médicos não são tão simples quanto a física de partículas ou a astronomia. A teoria da relatividade de Einstein pode, à primeira vista, parecer mágica ou confusão para a maioria das pessoas - mas é claramente definível e demonstrável, visto que os fatos e premissas estejam alinhados para a compreensão.

Zika-microcefalia talvez tenha o efeito oposto, parece cada vez menos claro quanto mais de perto se olha. Para começar, aqui está uma mistura de representações dos viriones da dengue e do Zika, indistinguíveis um do outro:

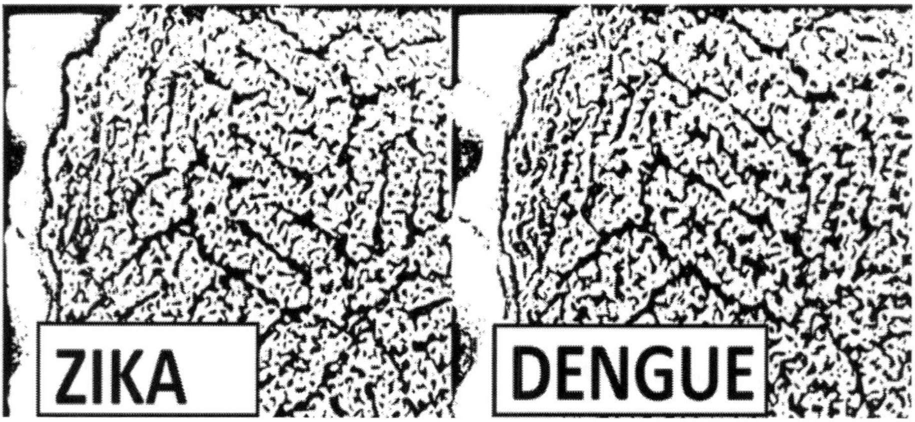

Sem a dengue generalizada e preexistente no Brasil, o Zika como doença pode nunca ter sido conjurado localmente. Talvez inspirado pelo exemplo de Yap em 2007 (de dengue diagnosticada clinicamente sendo renomeada como Zika), o pediatra Dr. Kleber Luz focou em casos mais leves de dengue no Brasil, no início de 2015,[41] *"e **insistiu** ser algo urgente e novo (Zika)"*[42] apesar de ter um total geral de zero testes laboratoriais confirmatórios para garantir tal confiança. Demonstrando que a medicina não é apenas parcialmente uma ciência social, mas também um agrupamento social, ele foi prontamente acompanhado por outros, com zelo e missão semelhantes, para encontrar um papel clínico para o Zika anteriormente ignorado.

Antes de pensar no Zika, Kleber Luz se juntou ao Dr. Carlos Brito em outubro de 2014 para formar um grupo de WhatsApp chamado "***CHIKV a missão***",[43] para discernir (a antecipada) presença de um vírus **totalmente** novo no Brasil, "Chikungunya" (**CHIKV**), que poderia ter estado em marcha global desde sua África nativa, sem ainda ter chegado ao Brasil.[44] Abaixo estão algumas breves biografias dos cinco atores médicos centrais na história do Zika como doença no Brasil em 2015:

- **Silvia Sardi & Gübio Soares Campos (S&SC)**: Virologistas se uniram tanto no casamento quanto profissionalmente como professores da Universidade Federal da Bahia. Em abril de 2015, os dois fizeram testes de laboratório com primers genéricos que afirmavam o Zika como uma nova entidade de doença e uma nova chegada ao Brasil.
- **Claudia Duarte dos Santos**: Virologista do Instituto Oswaldo Cruz (Fiocruz) no sul do Brasil, em contato com o Dr. Kleber Luz.
- **Kleber Luz**: Pediatra e epidemiologista de Natal, Rio Grande do Norte, que em 2014 hipotetizou a chikungunya recém-circulando no Brasil, formando uma força-tarefa solta CHIKV, A Missão – antes de mudar o foco para o potencial Zika.
- **Carlos Brito**: clínico geral e epidemiologista de Recife, Pernambuco, que colaborou na caça do Dr. Kleber à chikungunya, depois Zika. Quando, completamente à parte, se supôs que havia mais microcefalia em Recife, esse médico local foi chamado ao local. O Dr. Brito investigou e concluiu uma conexão entre seus dois projetos: Zika e microcefalia.

Esses médicos tiraram o nome e a inspiração para seu grupo de WhatsApp de um filme de 1986, ***A Missão*** - para capturar o zelo, fervor, devoção e direção dos missionários da história no Paraguai do século 18, se aventurando no território de tribos indígenas hostis. "***CHIKV a missão***" adicionou profissionais interessados em doenças infecciosas, epidemiologia, virologia e clínicos do Nordeste do Brasil; aqueles um tanto fora da grade acadêmica principal, baseada nas grandes instituições. O grupo pode não ter sido totalmente altruísta em sua busca por alguma nova entidade patológica, a descoberta que levantaria o perfil de seus membros. É duvidoso que o público ou os médicos (em geral) clamem por qualquer novo diagnóstico, mas sem uma cura. Apenas renomear certos casos mais brandos de dengue como Chikungunya (ou um Zika percebido muito mais tarde) tem mais resultados na mudança do status dos diagnosticadores do que dos pacientes.

Poucas semanas depois da insistência do Dr. Kleber Luz (intuitiva ou infundada) que casos de dengue são Zika (início da primavera de 2015), completamente separadamente, um time de um casal de virologistas baianos, Drs. Silvia Sardi e Gubio Soares Campos (**S&SC**), fizeram uma declaração semelhante de "Zika". Eles ficaram sabendo das alegações dos outros médicos através do grupo de WhatsApp "***CHIKV a missão***", ou algum outro canal?

Na sombra da maior petroquímica do Brasil,[45] a **S&SC** escolheu investigar o Zika como uma explicação do caso de Camaçari, um conjunto de cerca de 5.000 pacientes com doenças leves por "alergia". Sua "confirmação" laboratorial foi da mais pequena variedade: sete positivos não confirmados de uma combinação de 24 amostras não associadas à gravidade clínica. E mesmo esses "pontos positivos" eram duvidosos. Os reagentes para Zika de seu pequeno laboratório não eram apropriados, e não foram confirmados ou certificados. Nenhuma surpresa que, então, apenas metade desse pequeno número foi confirmada por testes independentes posteriores.

Em nenhum outro lugar (a mais) no Brasil, exceto com a **S&SC**, existiam no início de 2015 PCR-"primers" de Zika disponíveis e prontos. Por acaso (!) e misteriosamente, o material desses virologistas caiu em seus colos, deixado por um pesquisador senegalês visitante no ano anterior,[46] e nunca confirmado pelo "FDA" (Food and Drug Administration - Administração de Comidas e Drogas) do Brasil ou outros pesquisadores quanto à eficácia, ou precisão.

Em um padrão duplicado na metade da "microcefalia" nessa saga do Zika-microcefalia seis meses depois, uma revolução médica ("*a primeira doença humana do Zika!*") aconteceu por meio do sensacionalismo, e não da ciência. **S&SC** vazou suas suposições para a imprensa[47] antes que qualquer outro laboratório pudesse analisar ou questionar os resultados (usando reagentes e primers de qualidade superior). Essa forma de exibição, não deixando oportunidade para uma revisão crítica, está muito fora dos protocolos científicos normais. Como defesa, o Dr. Soares Campos relata que a luz verde foi dada por alguns funcionários do Ministério da Saúde (***MS***),

"***Decidimos beneficiar mais o público***, em vez de imediatamente escrever um artigo científico e publicá-lo."[48]

É difícil ver exatamente qual o benefício que o Dr. Soares Campos estava proporcionando, pois na sua opinião na época em que viu, "o Zika Vírus não é tão grave quanto a dengue ou a chikungunya, não leva o paciente à morte. A condição parece alérgica, é mais calma e o tratamento é o mesmo. O tratamento é o mesmo para a dengue: paracetamol. Você não combate o vírus. Seu corpo faz isso. Você combate os sintomas."

Aqui está o artigo original, vazado para a imprensa em 29 de abril de 2015:

globo.com g1 ge gshow globoplay

MENU G1 BAHIA REDE BAHIA

29/04/2015 17:32 - Updated 29/04/2015 17:32

abril 29, 2015

Vírus causador de doença misteriosa identificado em Salvador e RMS

Os sintomas são semelhantes aos da dengue, mas menos graves. Pesquisadores acreditam que o vírus chegou ao Brasil

Dois pesquisadores do Instituto de Biologia da Universidade Federal da Bahia (UFBA) descobriram o vírus causador da doença, cujos sintomas são semelhantes aos da dengue e que vem assustando a população baiana: o Vírus Zika, transmitido pelos mosquitos Aedes aegypti, Aedes albopictus e outros tipos de aedes.

Segundo Gúbio Soares, pesquisador que fez a descoberta junto com Silvia Sardi, é a primeira vez que o vírus é identificado na América Latina, sendo mais comum na África e Ásia.

Este artigo menciona ainda que "a descoberta de Gúbio (Soares Campos) e Silvia derruba as duas hipóteses levantadas pela Vigilância Epidemiológica e a Secretaria de Saúde de Camaçari para explicar a doença. No último mês de março, os dois órgãos suspeitavam que os sintomas seriam causados por roséola ou parvovírus-B19." De qualquer forma, ninguém achava o Zika perigoso na época, portanto, não havia urgência.

Esta é uma abordagem viável para relações públicas, mas não tanto para a ciência. O Dr. Soares Campos deveria ter uma fidelidade mais forte ao método científico e aos padrões de prova. Ele e sua esposa eram os professores de doutorado dessa decisão. Isso não quer dizer que eles estavam necessariamente errados em suas descobertas sobre o Zika, mas se houvesse verdadeira confiança na veracidade, o ***"benefício para o público"*** real seria acumulado com, e após, uma confirmação de pesquisa externa.

Veja bem, não havia pressa neste momento, a menos que fosse apenas para derrotar o grupo "***CHIKV a missão***", de encontrar algo para chamar de Zika. A entidade da doença de Camaçari que eles renomearam era (se viral), na pior das hipóteses, dengue leve ou alguma variante do sarampo da qual as pessoas se recuperaram espontaneamente. E se o problema emanava de uma toxina petroquímica, o trabalho deles era uma distração. Seu anúncio não trouxe cura ou mudança no tratamento e também caiu na categoria de uma "distinção médica sem diferença". Os pesquisadores e burocratas podem ter se beneficiado, mas de que forma beneficiaram o público?

5. Pressa "deixa resíduos" vs. "Muito pouco, muito tarde"?

No prazo de um mês do anúncio não verificado, mas público, dos virologistas da Bahia Drs. Sardi e Soares Campos, sobre o Zika como doença, o Ministério da Saúde do Estado da Bahia (**SESAB**) os contradisse publicamente com uma declaração de que o **"diagnóstico *de casos de Zika na Bahia pode estar errado*"**.[49] O **SESAB** apresentou um caso muito convincente:

1. Os primers da **S&SC** (Drs. Sardi e Soares Campos) foram importados ilegalmente sem autorização ou revisão.
2. As falhas do **S&SC** no manuseio de primers podem ter levado a confundir o Zika com dengue real ou falsos positivos.
3. Mais da metade de uma coleta separada e maior, de 500 amostras de sangue coletadas de pacientes diagnosticados com a "doença misteriosa", testou positivo para dengue.
4. Nenhum daquele grupo muito maior de soropositivos para dengue reagiu ao Zika.
5. Um número maior do que os positivos para Zika (10% dos mais de 5.000 casos de febre baixa e erupção cutânea) tiveram resultado positivo para rubéola, sarampo e parvovírus.

E a velocidade com que o fizeram aponta a falha original nos virologistas da **S&SC** liberando informações diretamente ao público sem revisão científica. É claro que eles poderiam ter esperado e contestado as objeções, pois teriam surgido naturalmente se tivessem seguido os canais apropriados e mantido a paciência. A compensação teria sido um atraso de um ou dois meses (se eles estivessem certos) versus não fornecer informações falsas ao público (se eles estivessem errados).

Os primeiros dois pontos do **SESAB** abordam a metodologia aleatória e assistemática dos virologistas de uso de primers não verificados passados à mão. Quase metade do pequeno número de Zika-positivos de Sardi e Soares Campos foi revertido, deixando apenas 12% das 24 amostras de sangue de pacientes de Camaçari mostrando Zika (ou seja, apenas quatro indivíduos em uma cidade de 300.000 habitantes) - e qualquer dos, ou todos os, quatro podem ter sido casos de dengue diagnosticados incorretamente, ou absolutamente nada.

Vejamos o terceiro ponto crucial da **SESAB.** Analisando a mesma doença de Camaçari, a **SESAB** encontrou **250 testes positivos para dengue** para **4 casos de Zika** dos virologistas do **S&SC** - uma taxa de **50% para 12%**. O quarto ponto mostra os positivos da dengue excluindo o Zika. Qual, então, dos dois (dengue ou Zika) pareceria ter a alegação mais forte como a causa subjacente do que originalmente os médicos haviam concebido como "dengue leve"?

O quinto ponto da **SESAB** sublinha que o presumível **Zika** dos virologistas do **S&SC** não apareceu em uma taxa maior do que outras doenças com histórias mais longas de produção de febre moderada e erupção cutânea: rubéola; sarampo; parvovírus. Mas qual é a narrativa de que todo o Brasil se lembra, saindo desse incidente? Claro, é o "***novo vírus misterioso, Zika!***" É difícil destacar um melhor exemplo de pressão social e consenso na determinação de um novo "fato" médico-científico.

Esses cuidados não influenciaram no júbilo dos pesquisadores, nem na aceitação por um público menos cientificamente informado e empolgado pela imprensa, enfatizando eternamente a novidade nas notícias. Os Drs. Sardi e Soares Campos sobreviveram às críticas e se tornaram "descobridores do Zika" (como *doença*),[50] usando este movimento para garantir posições de estabilidade e proeminência médica.

O Dr. Kleber Luz perdeu a corrida (por fama e fortuna, quase literalmente), mas não por falta de tentativa. Ele implorou que duas instituições importantes produzissem resultados que correspondessem aos seus desejos (para o Zika).

"Insatisfeito com as conclusões inconclusivas do Instituto Evandro Chagas, o Dr. Kleber Luz entrou em contato com o Instituto Oswaldo Cruz no Paraná, sul do Brasil, onde a Dra. Claudia Nunes Duarte Dos Santos recebeu as amostras de sangue com a seguinte ordem: "**É Zika. Encontre Zika**", Dr. Kleber Luz tinha contado a ela."[51]

A Dra. Dos Santos merece crédito por não comprometer sua carreira: não encontrou Zika, apesar de uma ordem para fazê-lo - embora ela tenha escrito mais tarde:

"Lamento muito termos falhado. Mas nenhuma das amostras que você enviou deu positivo... Você era realmente muito habilidoso. Se você me perguntar quem descobriu o vírus Zika no Brasil, direi: 'Kleber Luz.'"[52]

O Dr. Kleber Luz aparentemente sentiu o mesmo porque, em junho, publicou um artigo de sua autoria, enganadoramente

Primeiro relato de transmissão autóctone do vírus Zika no Brasil

Camila Zanluca, Vanessa Campos Andrade de Melo, Ana Luiza Pamplona Mosimann, Glauco Igor Viana dos Santos, Claudia Nunes Duarte dos Santos, Kleber Luz

"No início de 2015, vários casos de pacientes apresentando sintomas de febre leve, erupção cutânea, conjuntivite e artralgia foram relatados no nordeste do Brasil. ...*Este é o primeiro relato de infecção por ZIKV no Brasil.*"

Mem Inst Oswaldo Cruz, Rio de Janeiro, junho de 2015

intitulado sobre a "descoberta do Zika", escrito em conjunto com sua parceira de laboratório.

Ele não dá crédito em seu artigo aos virologistas baianos. É difícil dizer como isso se enquadra no pedido de desculpas da Dra. Dos Santos por não ter evocado o Zika em amostras de sangue alguns meses antes.

No entanto, entre esses dois pronunciamentos, a narrativa do Zika como doença tomava conta, logo ecoada pelo Dr. Carlos Brito,[53] do Recife, que inferiu da mesma forma "*[que 80% dos casos de dengue em Pernambuco são na realidade] Zika. Nós investigamos 1.100 pacientes (dengue).* ***Desse total, 81% atenderam aos critérios clínicos para Zika.***"[54]

Ele (ao que parece) estava caracterizando certos casos (mais leves) de dengue como Zika,

- sem ter feito nenhum teste confirmatório;
- sem ter examinado os pacientes;
- sem o Brasil ter uma história longa o suficiente de Zika para determinar "critérios clínicos", mesmo que você acredite na versão altamente duvidosa dos virologistas baianos;
- sem que o Zika tenha desenvolvido "critérios clínicos" geralmente aceitos em qualquer outro lugar (exceto na baixa probabilidade de Yap, em 2007).

Compreensivelmente, haviam algumas dúvidas nos bastidores, no governo e na academia.

Os Drs. Brito e Luz contataram o Ministério da Saúde do Brasil, mas o governo brasileiro não se convenceu. O que quer que estivesse acontecendo não tinha sintomas perigosos ou efeitos duradouros, e as pessoas não estavam morrendo. Portanto, o governo optou por não implementar relatórios obrigatórios para a infecção e, quando o verão de 2015 terminou, todas as preocupações com o Zika desapareceram. "Houve uma enorme resistência à ideia de que poderia ser Zika." **Frustrados, os médicos** (Brito e Luz) **decidiram formar seu próprio grupo para estudar o vírus.**[55]

É praticamente de natureza humana torcer para os oprimidos; entretanto, pode ser que aqui a resistência acadêmica e institucional, a dúvida e a cautela, seriam as melhores proposições recentes. No entanto, não há como parar uma boa história: Zika, como o monstro de Frankenstein - estava ganhando vida, eventualmente trazendo medos semelhantes.

6. O Momento Eureka, Microcefalia em Recife

Minha própria experiência médica central emana de 30 anos como médico de atenção primária nos Estados Unidos. Essa experiência vem com uma ressalva em relação à avaliação da história do Zika-microcefalia: durante todo esse tempo, nunca tratei mães expostas ao Zika ou bebês microcefálicos - nem nunca viajei para o Brasil. Não tive nenhuma associação com pesquisa médica do Zika (ou qualquer outra).

Então, por que me agarrei e tentei investigar, e potencialmente resolver, um problema que ninguém mais parece pensar que é um mistério que precisa ser resolvido? Poderíamos perguntar à minha esposa, filhos, amigos e colegas, mas (para mim) tudo se resume a duas coisas: respeito pelo processo científico e prazer em resolver quebra-cabeças. Verdade seja dita: geralmente tenho tantos enigmas e problemas no meu caminho em qualquer momento que não procuro mais. Mas de alguma forma, isso era diferente.

Em 2016, eu estava acompanhando as novidades do Zika-microcefalia no Brasil. Ambos os aspectos da conexão pareciam intrigantes. Zika - previamente desconhecido do ponto de vista médico, e inofensivo; ausente nas Américas, mas uma única entidade específica - estava conectado à microcefalia, uma condição em quase todos os sentidos o seu oposto. A única coisa que eles tinham em comum era a extrema raridade. A microcefalia (como outras anomalias congênitas) é um "fato da vida" para todos os vertebrados, uma anormalidade rara, mas atemporal, observada em humanos (mas não zoologicamente, porque essa prole animal não sobrevive na natureza). Além de uma síndrome genética rara e específica, a "microcefalia verdadeira" grave - ela não tem uma causa específica única, apenas a potencialidade por um vasto número de influenciadores tóxicos menores e gerais; nenhum dos quais geralmente pode ser diagnosticado após o fato.

Mesmo assim, eu teria permanecido um espectador enquanto a história se desenrolava, se não fosse por uma peculiaridade na origem da teoria do Zika-microcefalia. A Dra. Vanessa Van der Linden Mota, a neuropediatra brasileira residente em Recife responsável por conectar o Zika à microcefalia, afirmou que seu "*momento Eureka*"[56] em agosto de 2015 ocorreu examinando gêmeos fraternos, um com microcefalia e o outro saudável.[57] "O *teste (para defeitos congênitos) saiu normal, disse a médica,* ***'uma indicação de que estávamos lidando com algo novo***. '"

O seu "*momento eureca*" essencialmente trouxe o meu, mas na direção oposta. Sua conclusão, de que normalidade e microcefalia coexistem simultaneamente em gêmeos fraternos (com seus ovos separados, genomas separados e placentas separadas) exigia uma nova causa da doença - parecia problemática ***por si só***. Na verdade, é um extraordinário salto ao simultaneamente

- ignorar a natureza extremamente anedótica da circunstância pela qual se extrai tal inferência ousada (incluindo ignorar a própria placenta dupla dos gêmeos sendo potencialmente uma causa);

- atribuir perigo máximo a um vírus anteriormente benigno, nunca documentado nem uma vez até aquele ponto como existente nas Américas;[58]
- atribuir ao vírus um potencial de causar microcefalia congênita não compartilhada por nenhum de seus parentes do Flavivírus, incluindo a dengue (irmão gêmeo fraterno do próprio Zika), que infecta milhões de brasileiros por ano;[59]
- fazer essa inferência sem qualquer amostra do hospedeiro ou confirmação de teste virológico;
- desconsiderar a evidência contrária da normalidade do outro gêmeo (presumivelmente infectado de forma semelhante);
- presumir uma falsa certeza de que a situação da criança infeliz não pode ter sido causada por nenhuma das dezenas de outras causas diagnosticáveis com precisão da microcefalia.

Isso era o que estava passando na minha cabeça. Desde a pesquisa para este livro, descobri que sua história (como quase todas as outras) é mais envolvente e complicada, e que seu "Momento Eureka" (acreditar que um dos gêmeos tinha algum tipo de infecção) foi engrandecido para uma declaração ousada de uma epidemia de microcefalia por muitas circunstâncias fora de seu controle. Também soube que ela teve alguns cuidados, e que o "toque final" supondo que o Zika era a causa raiz foi aplicado pelo Dr. Carlos Brito, não pela Dra. Vanessa van der Linden.

7. Negócios de Família

A neuropediatria é o "negócio da família" por pelo menos duas gerações da família *van der Linden* de Recife: praticada localmente pela Dra. Vanessa van der Linden e sua mãe Ana, e na região central do Brasil por seu irmão, Hélio. A gêmea gravemente microcefálica que iniciou seus pensamentos sobre uma nova causa para a microcefalia, sua chamada "paciente zero" foi observada por ter excesso de pele no couro cabeludo e certas calcificações cranianas de um tipo que ela passou a associar com certos painéis de infecção positivos em casos anteriores.

[Os eventos de microcefalia e a linha do tempo descritos neste capítulo foram coletados do fascinante livro "Zika: Do Sertão nordestino à ameaça global" com muito apreço à sua incansável autora Debora Diniz. Por favor, na ausência de anotações específicas, infira que as informações interpessoais vieram de seu livro]

A Dra. Vanessa van der Linden reconhece que *"microcefalia é apenas um sinal, não um diagnóstico"*,[60] ou seja: não há associação 1:1 entre efeito e causa. Vamos pensar como isso se difere de outra causa de defeito de nascença / retardo mental, a síndrome de Down - um caso que sempre é causado pela trissomia 21. O inverso também é verdadeiro, cada instância de mutação na trissomia 21 necessariamente causa a síndrome de Down. Este não é o caso da microcefalia, que não é específica de nenhuma causa em particular.

Algoritmo de investigação para microcefalia

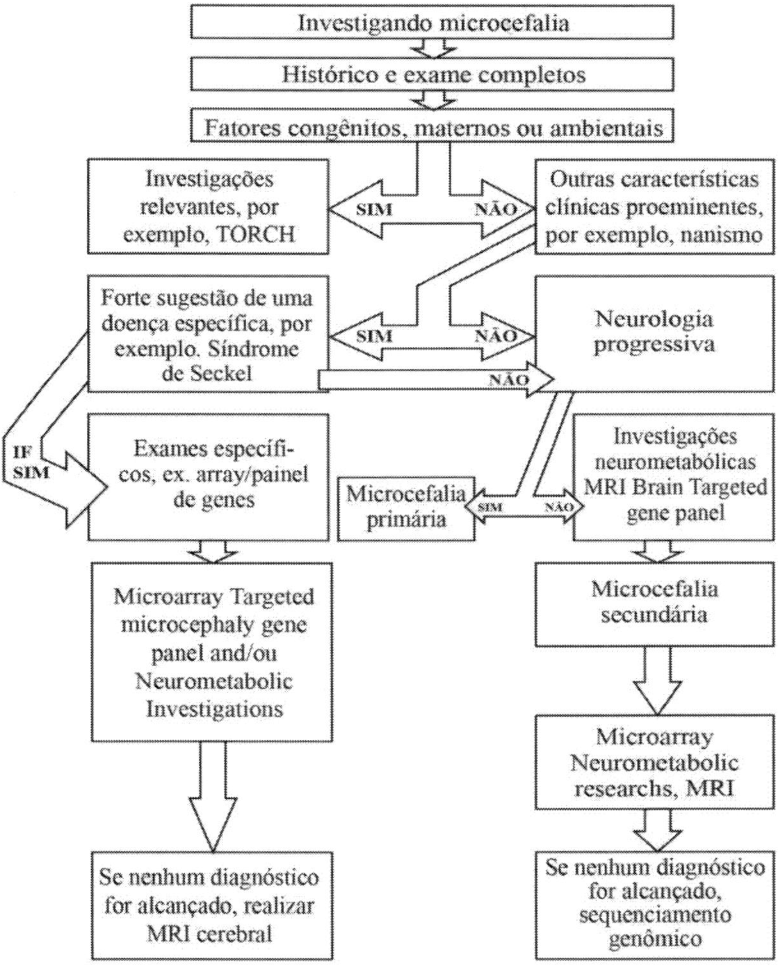

De forma alguma um processo simples para determinar a causalidade dentro dos casos de microcefalia. Não foi feito rotineiramente, Brasil, 2015, contabilizando os números de sobrediagnóstico do pânico. Adaptado de "como apoiar a criança com microcefalia" 2018

Na verdade, é uma jornada muito complicada e geralmente incompleta desde encontrar a microcefalia por medição até determinar um diagnóstico. A maioria dos casos permanece indefinida por causa.[61]

Quando o gêmeo em vista testou negativo para citomegalovírus, a Dra. Vanessa van der Linden (talvez inspirada na conversa do grupo de WhatsApp "***CHIKV a missão***") solicitou o teste de Chikungunya, mas a família não tinha dinheiro para proceder em um laboratório não coberto pelo seguro. Chikungunya nunca foi associado à microcefalia.

Em algum ponto nas semanas seguintes, talvez à procura de microcefalia, ela viu três casos em seu hospital e fez uma suposição de que eles poderiam estar relacionados a infecções, embora o painel TORCH(s)[62] para infecções associadas à microcefalia foi negativo. Nesse ponto, ela consultou sua mãe, que se ocupou em ligar para neuropediatras de 10 hospitais públicos regionais, et al.[63]

Eles tinham uma vaga ideia de quantos casos de microcefalia ocorriam anualmente e achavam que o censo da época indicava um aumento da microcefalia, o que decidiram atribuir à infecção. Embora seja quase impossível atribuir especificamente qualquer caso de microcefalia a qualquer causa, eles decidiram excluir todo o conjunto preexistente de meia dúzia de infecções já associadas à microcefalia, os chamados TORCH(s): [toxoplasmose, "outro" (parvovírus), rubéola, citomegalovírus, varicela, sífilis].[64]

Em vez disso, os Drs. van der Linden recorrem ao WhatsApp, para informar aos médicos locais sobre um potencial vírus misterioso que causava microcefalia, e que todo e qualquer caso deveria ser levado a eles. **E, assim, veio a ser**: essencialmente um ciclo de reverberação de mais casos causando mais alarme de preocupação e pânico, que por sua vez trouxe mais casos. Ensaboe, enxágue e repita.

Convencidos de uma nova causa viral, eles questionaram mães, algumas das quais que haviam se queixado de febre ou erupção cutânea durante a gravidez; e muitas que não. Ao longo de nove meses, "quem não teve erupção na pele ou febre?", poderia ser uma pergunta inversa razoável. O processo dos van der Lindens não deve ser confundido com uma investigação científica rigorosa.

Em outubro de 2015, uma colega, a Dra. Adelia Souza, sugeriu que a Dra. Vanessa van der Linden discutisse suas ideias com o teórico do Zika local de Recife, Dr. Carlos Brito (que estava convencido de que era Zika, apesar da ausência de qualquer teste laboratorial contemporâneo).

Tal como acontece com outras partes da narrativa do cronograma do Zika-microcefalia de 2015, houve algum retrocesso institucional: os epidemiologistas sentiram que a percebida elevação de números de microcefalia dos Drs. van der Linden não era genuína, mas refletia a subnotificação crônica de antes. O Dr. Brito rebateu insistindo que a situação de Recife "*era microcefalia ao extremo*" - e, independentemente de (e descartando) a verificação dos números, "*isso era diferente*" - não obstante que revisões posteriores e retrospectivas viriam a refutar suas afirmações.

O Dr. Brito logo decidiu verificar os casos no hospital, reunindo-se com a neonatologista Dra. Jucielle Menezes que lhe mostrou 16 bebês microcefálicos, todos (não por acaso) sob os cuidados da Dra. Ana van der Linden. Foi nesse ponto que ele fez um questionário retrospectivo e retroativo, coletando histórias sobre erupções cutâneas, etc. de 26 mães locais com nascimentos com microcefalia nos meses anteriores.

O Dr. Brito ligou para seu amigo, colega e companheiro caçador de **CHIKV** / Zika, Dr. Kleber Luz - que era, na época, mais cético. Kleber Luz acabou achando uma carta, de alguns meses antes, de uma mulher italiana, familiarizada com a descoberta do Zika, que havia dado à luz uma criança com defeitos congênitos subsequentes de sua própria febre e erupção cutânea. De alguma forma, aquele evento único e sinalizador o influenciou mais do que os casos de Recife. Francamente, nenhuma das situações evoca uma comparação estatística real e nenhuma delas deveria ter influenciado sua mente, que era de outra forma, apropriadamente cética.

Nesse ínterim, as comunicações da Dra. Vanessa van der Linden com seu irmão e mãe neuropediatra ajudaram a solidificar e direcionar sua suspeita de uma causa infecciosa externa.[65]

"É preciso pensar em agentes que causam epidemias, que causam muitos casos ao mesmo tempo", ela explica.[66]

A microcefalia já estava associada ao conjunto de agentes infecciosos TORCHS.[67] Por que ***tinha*** que ser um novo agente, neste caso o Zika, não está claro (exceto possivelmente através das lentes do teórico do Zika Dr. Carlos Brito) - embora a novidade certamente tenha se tornado um toque de clarim, notado e observado por milhões.

Como presidente do Conselho Regional de Medicina do Recife (CREMEPE), o Dr. Brito apresentou sua hipótese de que o Zika causa microcefalia. Por coincidência, dois dias antes, a imprensa já havia divulgado sua hipótese. É improvável que alguém além do Dr. Brito ou um aliado os tenha informado. Ele fora o único em cena com esta teoria, e a conexão direta entre os dois iniciadores principais: os Drs. Kleber Luz (teórico da origem do Zika) e Vanessa van der Linden (observadora do aumento da microcefalia).

A neuropediatra do Recife, Dra. Adélia Souza, pisou no freio e no acelerador ao mesmo tempo: minimizando o Zika; mas também cobrindo isso ao evocar de forma confusa a dengue recente - embora a dengue, ano após ano, nunca tenha trazido microcefalia. Aqui está sua mensagem confusa:

"É importante ressaltar que ainda não podemos estabelecer nenhuma relação com dengue, Chikungunya ou Zika. O que está acontecendo é que desde o início do ano vivemos uma epidemia de dengue, que coincide com o período gestacional de mulheres que tiveram recém-nascidos com microcefalia."

Houve algumas tensões na reunião do conselho médico devido ao vazamento para a imprensa e sua aceleração, e entusiasmo por meio do grupo de WhatsApp do Dr. Brito "***CHIKV a missão***" - que separadamente havia anunciado que representantes do **Ministério da Saúde** e da Organização Pan-Americana da Saúde (OPAS) compareceriam. Em última análise, não o fizeram, mas o conselho ficou irritado de qualquer maneira com a cooptação de seu protocolo e prerrogativas: sentiram que o Dr. Brito havia se colocado na posição de rabo abanando o cachorro - superconfiante, peremptório e dominador.

O Dr. Brito retrocedeu ao ser repreendido: explicando que os convites oficiais não haviam sido enviados. Um tanto falsamente (presumindo que ele havia perpetrado o vazamento para a imprensa), ele afirmou: *"Foi apenas uma reunião científica fechada"*. Mas as agências estaduais ficaram ressentidas por serem usadas como peões, negando ao Dr. Brito um papel adicional na formulação de políticas sobre o Zika ou a microcefalia. O Dr. Brito não perdeu o ritmo, tornando-se coordenador da força-tarefa de seu próprio conselho médico para monitorar o crescimento da microcefalia no Brasil.

É importante notar que os médicos que fizeram essa conexão eram clínicos, e não cientistas-pesquisadores acadêmicos em tempo integral com os recursos epidemiológicos e laboratoriais, munidos de dados disponíveis nas principais instituições de pesquisa do Brasil.[68] Houve algum ceticismo aplicado pela universidade, e pedidos institucionais governamentais foram feitos para que meras suspeitas não fossem divulgadas prematuramente. A motivação de "***CHIKV a missão***" e **S&SC,** e abordagem contrária, de que a informação era muito importante para toda a esfera pública não saber imediatamente, prevaleceu.

A Secretaria de Saúde de Pernambuco (em Recife) divulgou em 27 de outubro de 2015 o aumento (não confirmado) da microcefalia (com os devidos cuidados) - mas isso trouxe o oposto de um efeito calmante.[69] Recife já estava em processo de ser sobrecarregado com "casos" de microcefalia. Mais de 90% dessas novas visitas a médicos (em retrospecto) não atingiram o limiar de qualquer diagnóstico de microcefalia. Em grande parte, esses casos vieram de "bem preocupados": preocupação excessiva válida de mães e médicos com o anúncio de uma nova pandemia misteriosa, irrevogavelmente danificando jovens vidas desde o início.

Apesar dos critérios de diagnóstico afrouxados, desenfreados no pânico, esses múltiplos pacientes apresentando-se a clínicos neuropediatras muito focados, e simpaticamente perturbados, atiçaram seu excesso de confiança no que de outra maneira poderia ter parecido uma conexão muito tênue. Quatro meses depois, a OMS declarou Emergência Mundial de Zika, apesar de apenas 8% dos casos terem sido confirmados como provável microcefalia.[70]

8. Transpondo A Nova Doença Para Um Novo Problema

Dengue - endêmica no Brasil (por décadas ou séculos)[71] - nunca havia causado aumento de microcefalia congênita no Brasil ou em qualquer outro lugar. E não é por falta de tentativa! A dengue infligiu milhões de casos de doença e centenas de mortes apenas no Brasil, essencialmente todos os anos após a formulação e popularização do Zika como uma possível doença em 2015.

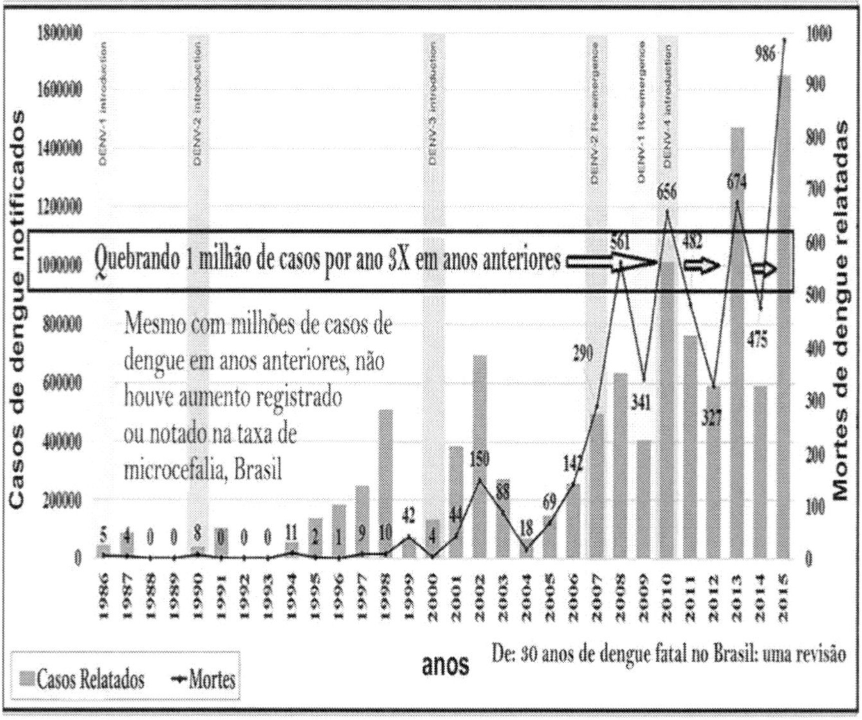

Ainda assim, para toda a enorme presença da dengue em dezenas de milhões de casos e ausência total da MICROCEFALIA, seu gêmeo quase indistinguível Zika, poderia causar, causaria e causou a mesma?

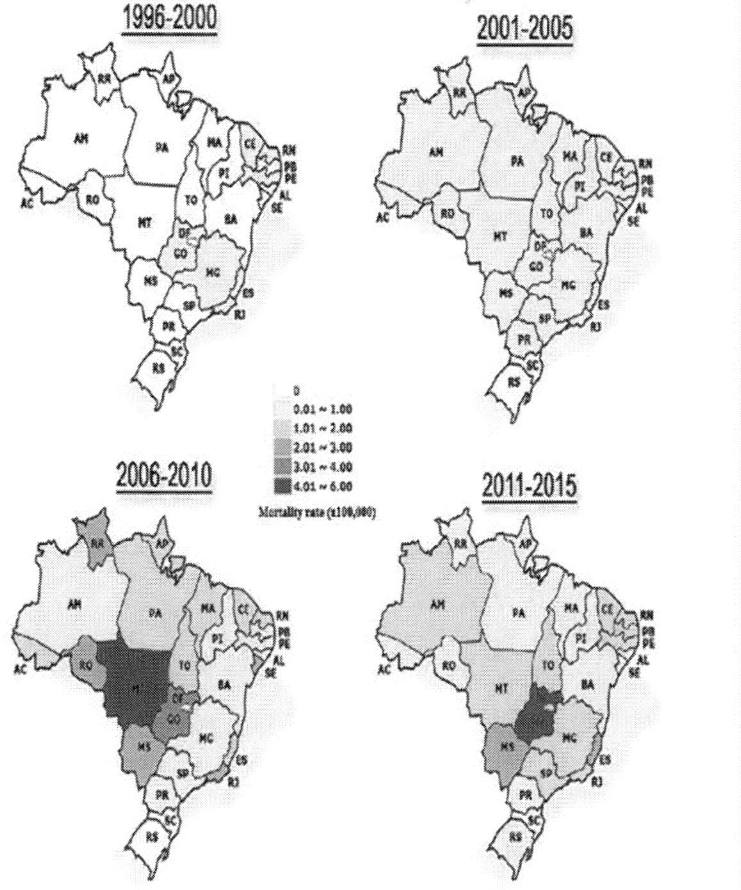

Taxa de mortalidade por dengue em cinco anos por estado
De: 30 anos de casos fatais de dengue no Brasil: uma revisão

Quando, no final de 2015, a dupla de mãe e filha neuropediatras van der Linden, da área de Recife (ver quadro), presumiu mais nascimentos com microcefalia do que o normal,[72] não houve nenhum teste clínico contemporâneo para Zika em bebês ou em suas mães EM QUALQUER LUGAR do Brasil.

> **Vanessa e Ana Van der Linden**
>
> Mãe e filha neuropediatras de Recife, Pernambuco, que investigaram um surto de casos de bebês com microcefalia no segundo semestre de 2015.
>
> **Dr. Hélio Van der Linden (Jr.)**
>
> neuropediatra, ele e suas irmãs começaram a trocar informações e tomografias de cérebros de bebês via WhatsApp e perceberam um caso precoce de microcefalia em Goiânia.

Foi a novidade completa do Zika, ao invés de seu parentesco com a dengue, que levou a Dra. Vanessa van der Linden (em coordenação com o Dr. Carlos Brito) a amarrar **o vírus Zika com ZERO casos humanos brasileiros previamente confirmados *para* casos de microcefalia, atribuídos sem critérios firmes e nunca mostrados estar em níveis aumentados em relação à linha de base.**

A Dra. Vanessa van der Linden inferiu que o que ela (pensava que) estava vendo em termos de microcefalia tinha que ser "novo" (e infeccioso), portanto, precisava de uma "nova" causa infecciosa, e qual era a "nova" infecção na praça? Zika. [veja capítulo anterior]

O Dr. Brito, uma vez dado os detalhes de contato das mães dos bebês microcefálicos, questionou (apenas) elas - por memórias de erupção cutânea ou febre durante a gravidez. Ele era bem-vindo, e talvez as mães tenham apreciado a atenção, mas não se engane: ***suas técnicas não eram consistentes com o método científico***. As violações mais óbvias são:

- **"Viés de seleção"**[73] (questionando apenas mães de bebês microcefálicos e não as de normais);
- **"Viés de ausência de cegamento"**[74] (eliminando a camada intermediária entre o pesquisador e o sujeito, influenciando as respostas dadas para agradar ao questionador como autoridade);
- **"Viés do observador"**[75] (o pesquisador interpreta respostas para sua própria predileção);
- O relatório do próprio CDC dos Estados Unidos observou que este processo de descoberta "está sujeito a **viés de memória**[76] e pode ter resultado em uma classificação incorreta da possível exposição ao Zika vírus."[77]

Nenhuma conclusão firme deveria ter sido tirada de tal empreendimento; certamente nada que deveria ter provocado conversas sobre a causa da microcefalia pelo Zika; nada que deveria ter vazado (logo em seguida) para a imprensa, antes da confirmação por pesquisas médicas ou acadêmicas usando critérios estatísticos e clínicos mais rígidos. Em cada etapa, os resultados foram considerados importantes demais para esperar. O primeiro passo, a "descoberta" do Zika como uma doença (no início da primavera) não agitou ondas tão grandes quanto o anúncio (naquele outono) de que o Zika imutavelmente mudaria as novas vidas dos bebês, infelizmente e tragicamente. As etapas foram provavelmente mais intencionais do que maliciosas; no entanto, elas não deveriam ter ocorrido - especialmente tão rapidamente, ao acaso e sem revisão.

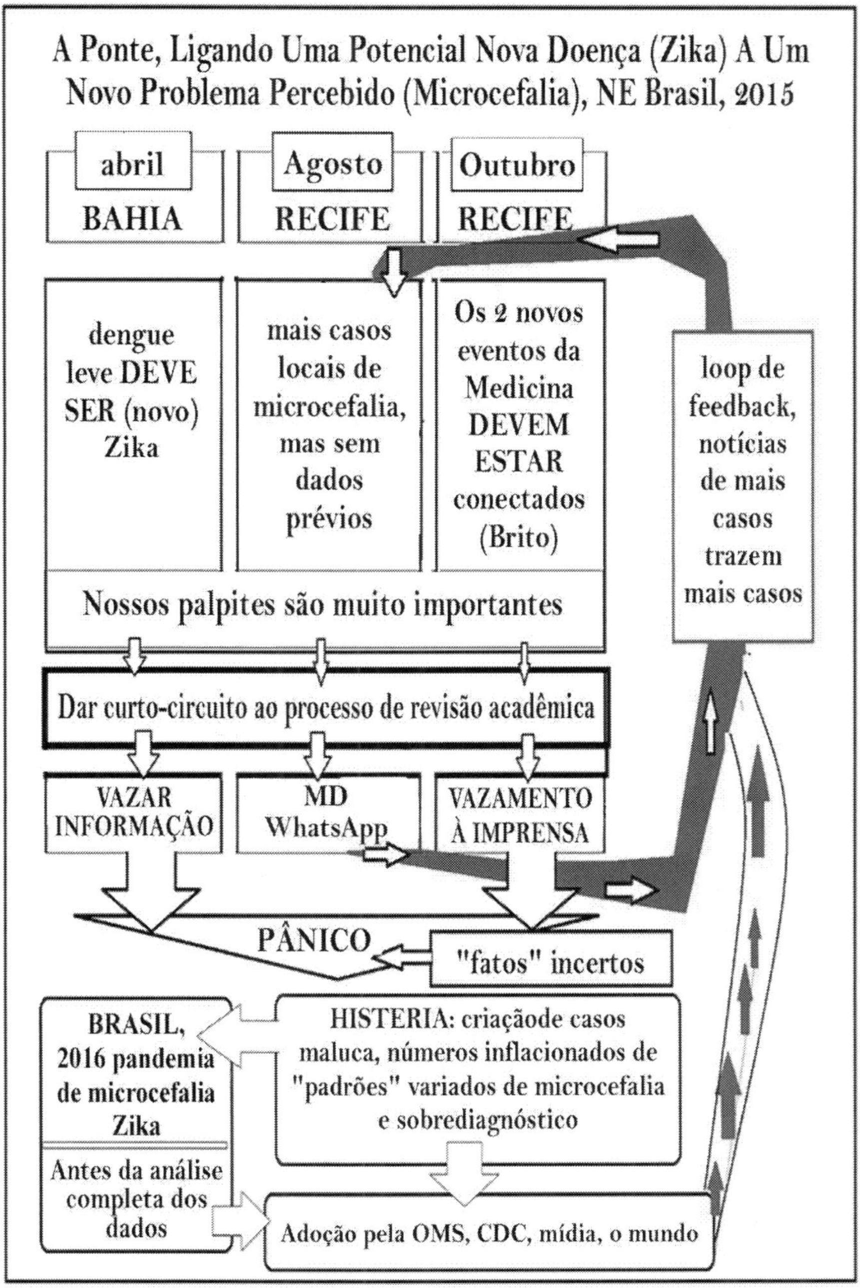
A Ponte, Ligando Uma Potencial Nova Doença (Zika) A Um Novo Problema Percebido (Microcefalia), NE Brasil, 2015
abril
BAHIA
Agosto
RECIFE
Outubro
RECIFE
dengue leve DEVE SER (novo) Zika
mais casos locais de microcefalia, mas sem dados prévios
Os 2 novos eventos da Medicina DEVEM ESTAR conectados (Brito)
loop de feedback, notícias de mais casos trazem mais casos
Nossos palpites são muito importantes
Dar curto-circuito ao processo de revisão acadêmica
VAZAR INFORMAÇÃO
MD WhatsApp
VAZAMENTO À IMPRENSA
PÂNICO
"fatos" incertos
BRASIL, 2016 pandemia de microcefalia Zika
Antes da análise completa dos dados
HISTERIA: criaçãode casos maluca, números inflacionados de "padrões" variados de microcefalia e sobrediagnóstico
Adoção pela OMS, CDC, mídia, o mundo

9. Intervalo

Se você chegou até aqui na história, talvez seja hora de fazer uma pequena pausa, beber algo ou dar uma volta no quarteirão. Às vezes, tudo isso é um pouco opressor. Pelo menos foi o que eu achei. Existem tantos tópicos. A história (conforme está ocorrendo) é apenas a "realidade": múltiplas conversas e interações de várias pessoas trazendo resultados simultâneos, sobrepostos (e potencialmente contraditórios). Depois do fato, é mais difícil dizer com certeza quais eventos causaram quais outros. Onde estamos até agora na história do Zika?

Antes de me aprofundar neste assunto, eu havia presumido (como muitos outros leitores médicos sem nenhum conhecimento de primeira mão) que a associação entre Zika e microcefalia viera de estudos em grande escala: comparações de dados; casos verificados de microcefalia; padrões de dimensionamento uniformes; análises retrospectivas; longa experiência com o vírus; infecções documentadas acompanhadas durante a gravidez; e os resultados diferem dos grupos de controle. Eu assumi erroneamente.

Na verdade, a teoria proposta evoluiu a partir de discussões entre médicos conectados por laços sociais ou familiares, em diferentes postos avançados, compartilhando anedotas de que a microcefalia havia se tornado mais comum, em busca de um novo motivo. É claro que essa busca incipiente por uma causa se deparou com uma caracterização relativamente desinformada de casos de dengue como o Zika completamente novo. E o resto, como eles falam, é história.

Que tipo de "história", em última análise, é outra questão. Até agora, é apenas a história de um novo vírus estranho, trazendo medo e pânico através de um defeito congênito incrivelmente triste - corajosamente encontrado e exposto por médicos intrépidos e empreendedores, trabalhando de forma bastante independente, ganhando visão e inspiração uns dos outros - sem muito na forma de ajuda de instituições de pesquisa ou academia do Brasil. Muitas dessas qualidades são admiráveis, e com a microcefalia sendo tão dolorosa - uma interpretação severamente diferente e crítica desses esforços pode parecer indelicada e antipática; no entanto, a sorte está lançada.

E, durante esse "intervalo", para não perdermos de vista os potencialmente afetados, aqui está uma colagem dos potencialmente afetados. A microcefalia existia antes do susto do Zika-microcefalia e existirá por um bom tempo depois. Muitas dessas famílias se beneficiam de uma bolsa estadual especial para microcefalia, desenvolvida após a formulação do Zika.[78] Não há nada de errado com isso, mas este não foi o caminho mais adequado para ajudar as mulheres com defeitos congênitos, isolando e popularizando apenas um (microcefalia) cuja conexão com qualquer nova doença era, como vimos, bastante tênue.

Na ausência de recorrência de Zika-microcefalia, mesmo no Brasil no ano seguinte e em qualquer ano depois disso - e uma ausência semelhante de qualquer ocorrência semelhante em todo o mundo nesse ínterim, apesar de o Zika ser amplamente testado - teorias alternativas precisam surgir. Estes sentimentos não estão percolando de dentro do aparato de pesquisa entrincheirado e bem financiado das universidades ou acadêmicos, então é deixado para médicos independentes, intrépidos e empreendedores, de forma semelhante, mas contrariamente, resolver isso. Certamente não é impossível que por mais bem intencionados e atenciosos que os médicos brasileiros na linha de frente foram, que eles estavam errados, que suas alegações aceitas ao longo do caminho como uma ciência, fossem apenas as mais selvagens das conjecturas, não comprovadas na época e certamente não reforçadas por qualquer um dos dados posteriores ou reconstruções retrospectivas.

Para ser justo com os acadêmicos que pesquisam o Zika, nos anos subsequentes não ocorrendo nenhuma pandemia de microcefalia, foram propostas "razões" para a ausência: teorias de "cepas mutantes", imunidade à dengue e outros remendos sobre a impraticável teoria existente - mas ninguém pretende reverter toda (ou parcialmente) a hipótese do Zika-microcefalia individualmente. Ou seja, talvez não foi Zika no Brasil, mas dengue; que pode não ter havido um salto nos números de microcefalia em 2015 em relação à linha de base; que mesmo se um ou ambos fossem "reais", um não causou o outro.

Nos anos que seguiram o pânico, o Brasil começou a fazer perguntas semelhantes, incluindo em meados de 2019: "***O Brasil está passando por uma epidemia de microcefalia?***"

O Brasil viveu uma epidemia de Zika no final de 2015 e início de 2016... Aqui no Brasil, o fim da emergência nacional para a doença foi anunciado pelo Ministério da Saúde em maio de 2017, dada a redução no número de casos de Zika. Em 2017 e 2018, foram registrados cerca de 17.000 e 8.000 casos no país, respectivamente.

A *Fundação Oswaldo Cruz* (**FIOCRUZ**) no Rio de Janeiro, a principal instituição de pesquisa em saúde pública do Brasil, está fazendo perguntas e depois respondendo sem responder.

O mosquito Aedes Aegypti pica um milhão ou mais de brasileiros com dengue a cada ano. Se o Brasil estava em hiper alerta para o Zika após a pandemia, mas encontrou apenas 1% quanto os casos de dengue, isso é muito próximo de não ter encontrado nenhum, especialmente dada a possibilidade de que os positivos de Zika fossem apenas casos falsos de dengue mostrando positivo devido à sua biologia quase idêntica.

Tentar descobrir a verdadeira taxa de microcefalia do Zika e definir o que realmente deve ser considerado como microcefalia merece alguns capítulos aqui. Existe um subconjunto especial de microcefalia que é denominado "grave". Os que estudaram o assunto acreditavam que a capacidade do Zika de gerar casos graves ocorria em cerca de 1/1000 (00,1%) das gestações infectadas, três vezes mais do que a taxa de 3/10.000 (ou 00,03%), usando os padrões Intergrowth da OMS.

Então, para esses números de casos de Zika em 2017 e 2018, teríamos de saber quantos realmente tiveram gravidez de primeiro trimestre no momento da infecção. Se, normalmente, cerca de 5% da população brasileira em algum momento está grávida, isso significaria cerca de 500 casos de gravidez de Zika, alguns no primeiro trimestre. Isso totalizaria cerca de 0 a 1 nascimentos microcefálicos graves por ano em 2017 e 2018 para o país, em um cenário de cerca de 900 nascimentos microcefálicos de outras causas variadas e inespecíficas, incluindo genética.[79]

Portanto, a resposta curta para a pergunta da **FIOCRUZ** em meados de 2019: "***O Brasil está enfrentando uma epidemia de microcefalia*?**" No que diz respeito ao Zika é "***NÃO***". Idem para 2020 e 2021. Francamente, todos os anos desde 2016 tem sido "não" e continuaremos mostrando que para 2015, bem, a resposta também foi "não".

10. Freios e Contrapesos?

Terminamos o último capítulo com o ***questionamento da FIOCRUZ-Brasil se a epidemia de microcefalia causada pelo Zika persistiu nos anos subsequentes***. A "resposta" deles não forneceu uma resposta direta, mas as contagens posteriores de Zika quase inexistentes implicaram um sonoro "*NÃO*". A adição de ***Desconstruindo o Zika*** foi para questionar a premissa: talvez não tenha havido nenhuma epidemia de microcefalia no Brasil em primeiro lugar. Deixando isso de lado - estipulando e aceitando a narrativa padrão da presença do Zika, ***E*** um pico de microcefalia em 2015 - os padrões científicos deveriam ter reforçado a extrema improbabilidade de:

- a mera reclassificação da dengue branda como o novo Zika, resolvendo a tão próxima anomalia médica local; e
- adicionar qualquer nova causa a uma doença rara e inespecífica (microcefalia, já com suas dezenas de associações diversas) tão repentinamente - sem comparações de dados completos ou uma janela de tempo adequada para observação.

Todo esse tópico traz à tona como nós, como sociedade - ou mais especificamente, certos órgãos em campos de especialização, como "ciência" - decidimos o que é essencialmente "fato". Usando esportes como uma analogia novamente, os jogadores protestam contra arbitragens no tênis e basquete o tempo todo; no entanto, o "fato" da questão é estabelecido com bastante rapidez, através de árbitros e vídeo-revisão. Mudando de quadras de basquete e tênis para tribunais judiciais, os "fatos" são determinados após a deliberação do juiz, que por sua vez está sujeita a apelação e revisão. Pode demorar um pouco mais, mas é um processo geral semelhante.

Na ciência, há uma distribuição geograficamente mais ampla de deliberação e debate - mas nenhuma "decisão final"; nenhum único árbitro ou "juiz" pode determinar o "fato"; nenhuma "corte" final, absoluta. Em vez disso, há uma "mente coletiva" de cientistas se comunicando principalmente por jornais, reuniões, palestras e academia - eventualmente chegando a um acordo (idealmente após ter tentado e conseguido reproduzir os resultados apresentados, exatamente pelos mesmos métodos, materiais e circunstâncias).

Naturalmente, esse processo de confirmação exige que os cientistas líderes do novo conceito deixem tempo adequado para testes aos demais. Pronunciamentos públicos prematuros não são úteis. A imprensa leiga e o público em geral não entendem totalmente esse processo, nem deveriam. É exatamente por isso que é tão incrivelmente importante que os cientistas (ou aqueles que pretendem atuar como cientistas) sigam esses princípios e sigam os procedimentos adequados de submeter suas teorias a outros antes de "vazar" para a imprensa – justamente para não tirar proveito de uma "brecha" para influenciar a opinião popular com base em pensamentos ou resultados não comprovados, por mais bem-intencionado que seja o descobridor.

Ou, como disse o Rei Lear de Shakespeare, muito antes do infame desastre de 1989 da "ciência por comunicado à imprensa" com o caso da "fusão a frio": *"Oh, o jeito que a loucura mente; deixe-me evitar isso; / Chega disso"*.

Cold Fusion: o conto preventivo da "ciência" por comunicado de imprensa

Em 1989, o mundo científico virou de cabeça para baixo quando dois pesquisadores anunciaram que haviam domado o poder da fusão nuclear em uma simples célula de eletrólise. A animação morreu quando a comunidade científica chegou a um consenso de que as descobertas não eram reais - "fusão a frio" tornou-se sinônimo de ciência lixo. No quarto de século desde então, um número surpreendente de pesquisadores continuam reportando um excesso inexplicável de efeitos de calor em experimentos similares, e várias empresas anunciaram planos para comercializar tecnologias, esperando revolucionar o setor de energia. Mas ninguém cumpriu sua promessa, deixando várias conclusões possíveis:

1. As alegações estão corretas, mas precisam de mais tempo para se desenvolver;
2. Aqueles que fazem as alegações são cometer um estratagema elaborado, ou
3. É realmente ciência lixo que não vai embora.

Stephen K. Ritter
7 de novembro de 2016 | Chemical and Engineering News Volume 94, Edição 44
https://cen.acs.org/articles/94/i44/Cold-fusion-died-25-years.html

Existem certas semelhanças com as fases da história da descoberta do Zika-microcefalia, a postura dos cientistas competindo em busca de reconhecimento e financiamento de pesquisas.[80] Rapidamente após o anúncio, antes que a desilusão e as dúvidas se instalassem, a instituição dos médicos requerentes recebeu US$ 5 milhões em fundos de pesquisa destinados a eles.[81] Todo o caso agora é visto com ceticismo, com suspeitas de fraude. Embora, por esta interpretação, o caso da fusão a frio também pode não ter sido uma fraude, por si só. Na época,

É importante ter em mente, apontou Anderson, que "erro honesto e má interpretação" são excluídos da definição de "fraude".

Há dois casos na história do ***Zika-microcefalia em que as teorias foram enviadas diretamente à imprensa*** antes que outros cientistas tivessem a oportunidade de avaliar a precisão:

- O Dr. Gubio Soares Campos decidiu que poderia "***beneficiar mais o público***", colocando seus pensamentos sobre o "Zika como doença" na imprensa popular, em vez de primeiro tê-los revisados por outros cientistas. Notavelmente, quando os resultados da **S&SC** foram verificados, houve vários problemas relacionados encontrados pela SESAB. No entanto, a essa altura era tarde demais: as pessoas já estavam preocupadas, animadas e assustadas com a nova doença misteriosa.

- Durante o pico do que parecia microcefalia, o vazamento da teoria de que o Zika era a causa provavelmente foi fundamental para iniciar o pânico. Nesse ponto, o Zika na imaginação do público evoluiu de meramente "dengue leve" para uma "bomba-relógio" de microcefalia. Qualquer mãe grávida na época desta notícia não poderia deixar de se perguntar se a vida de seu bebê iminente já havia sido comprometida trágica e irrevogavelmente. Isso tornou a história instantaneamente, magneticamente atraente e, ao mesmo tempo, publicamente, sensacionalmente inevitável (certo ou errado). Que essa teoria não tinha provas, nenhum teste que a corroborasse, estava além do público saber ou, aparentemente, da imprensa investigar ou enfatizar. Esse fora o dever (negligenciado) do teórico, Dr. Carlos Brito, antes de vazar (presumindo que fosse ele).

Então, qual é o roteiro adequado de uma ideia para teoria e, finalmente, um "fato"? Bem, em primeiro lugar, à medida que um sistema físico observado se torna mais complicado, fica cada vez mais difícil estabelecer um "fato". Vemos isso com um "sistema físico" tão simples quanto comer ovos no café da manhã. Até 1968, os ovos dietéticos eram universalmente promovidos para melhorar a saúde; em seguida, eles deveriam ser evitados por seu risco cardiovascular presumido, por meio do colesterol.

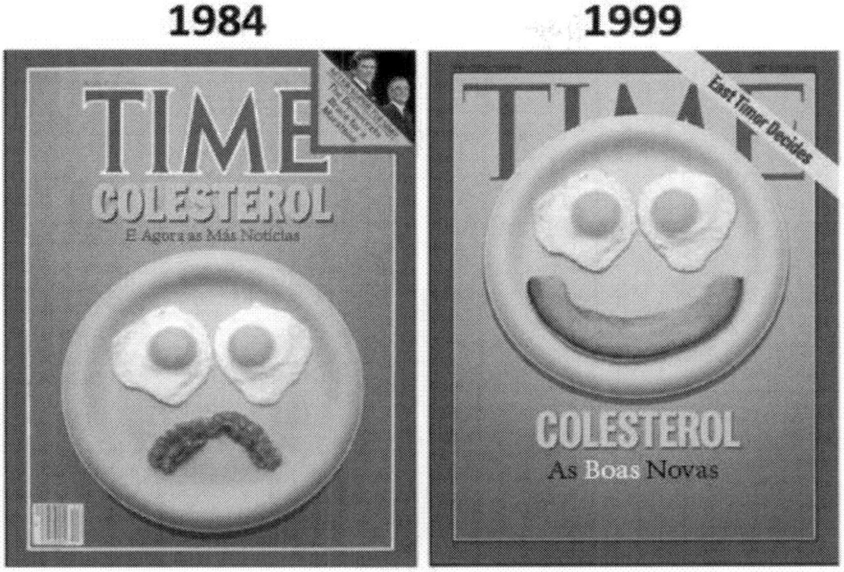

Reabilitar o ovo?

Avance algumas décadas: os ovos, agora "reabilitados",[83] estão prontos: saudáveis e não relacionados com problemas cardíacos. E quanto aos "fatos"? Qual "fato" é correto? Você estava correto em evitá-los; é correto comê-los diariamente agora? E isso é apenas um simples ovo. A situação pode se tornar muito mais complicada, muito rapidamente.

A ciência, tal como é determinada em um certo momento, muitas vezes se desdobra em políticas públicas, ou se torna seu motor. Qualquer pessoa que tenha experienciado os ditames, restrições em evolução, e as variedades da pandemia de Covid-19, não precisa ser lembrada. Quando os ovos eram desfavorecidos, o governo deveria ter se envolvido? Eles deveriam ter sido proibidos ou receber rótulos de advertência, como cigarros? Mais tarde, um pedido de desculpas foi devido aos fazendeiros?

O biólogo vegetal Prof. Peter Horton resume o processo ideal para fazer políticas a partir de uma ciência em evolução:[84]

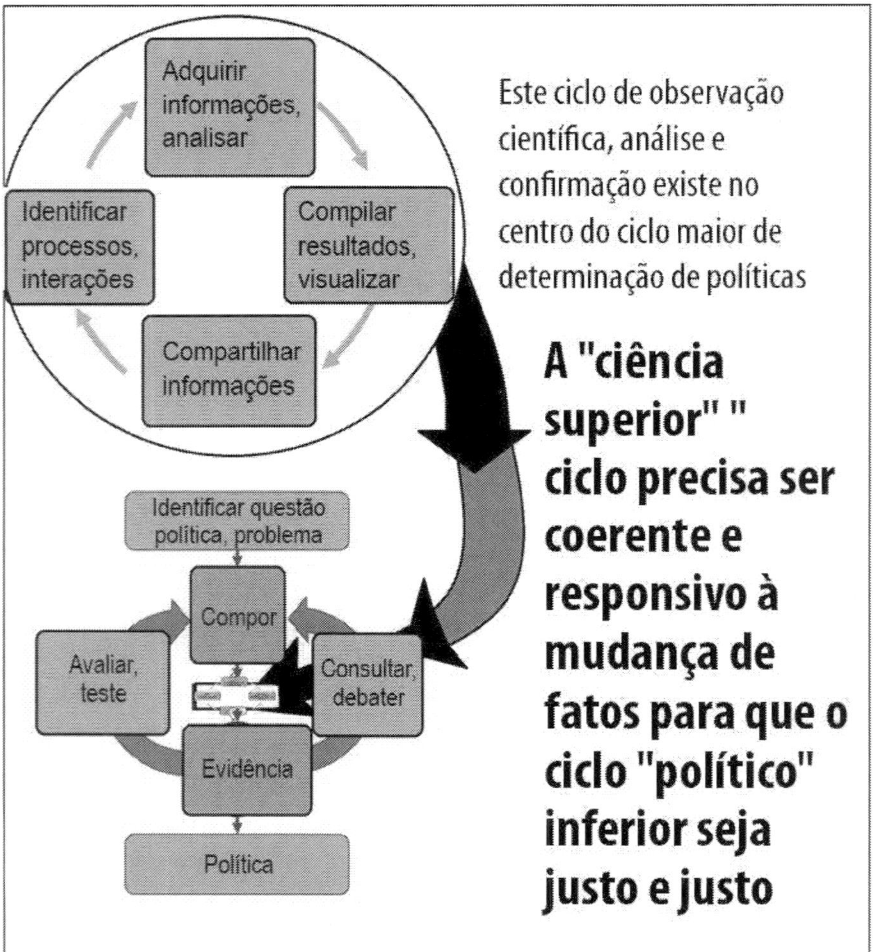

De: Integrando evidência, política e sociedade: uma metodologia para a interface ciência-política; (palgrave Comun. 4, 42 (2018))

É importante ressaltar que tanto o círculo interno quanto o externo implicam revisão e modificações contínuas, por meio do compartilhamento aberto de todos os dados para o círculo interno (ciência) e, debate e deliberação para o círculo externo (política).

Combinando a dimensão de tempo, ambos os ciclos se aproximam de uma escada em espiral ou saca-rolhas, acabando por chegar a um ponto; um destino; uma compreensão estável da situação - incluindo possivelmente que era (como no caso dos ovos) um alarme falso (espera-se). Infelizmente, parece que a natureza humana, de muitas maneiras, acaba não querendo se adaptar, mudar de direção ou se acomodar[85] - mantendo firmemente uma ideia muito além de sua data de validade.

A matemática tem suas provas, mas à medida que o **assunto** científico se afasta da física de partículas para sistemas físicos de múltiplos corpos mais complicados (aumentando em complexidade em cada etapa da química à biologia, à medicina, à epidemiologia, à política social), as teorias se tornam mais difíceis de provar. Este quadrinho da XKCD resume a "hierarquia da ciência":[86]

Parte do problema é que nem toda teoria médica pode ser adequadamente preparada para revisão experimental, dadas as razões éticas - por exemplo, o perigo de infecção para os participantes. No caso do Zika-microcefalia, mesmo um cético não gostaria de levar o Zika via mosquito *Aedes aegypti* para mulheres grávidas "apenas para verificar" se defeitos congênitos ocorrem. Uma "esperteza" experimental é necessária para criar provas ou refutações em potencial e, ao mesmo tempo contornar o risco humano. Às vezes, isso é feito por meio de testes em animais, usando reagentes de laboratório - ou comparando diferentes geografias ou dados demográficos que podem já ter vivenciado a vida com (ou sem) a toxina em questão. Por exemplo, o vizinho tropical do Brasil, a Colômbia, tinha as mesmas estatísticas de microcefalia, após o Zika? E o Brasil, no ano seguinte?

A ciência tem a pretensão ou aparência de seus fatos serem derivados cientificamente; no entanto, pode haver mais semelhança com o processo de determinar a celebridade ou fama - por meio da popularidade e do consenso – incluindo a frase "*sabemos quando vemos*".[87] "*America's Got Talent*" e outros concursos podem não parecer científicos, mas em certos aspectos podem ser mais que "**CIÊNCIA**" (a "mente grupal") em si. Todos os anos, eles podem escolher algum improvável ponto fora da curva, mas no geral eles separam os talentosos dos sem talento de forma completa, correta e confiável. O mesmo pode ser dito sobre "*Dancing With The Stars*" e os inúmeros outros programas que eu, pessoalmente, nunca assisto.

A ciência tem seu "método científico" (retratado), com seus freios e contrapesos (que nem sempre são completamente aplicados na prática). Idealmente,

"Na ciência moderna, uma teoria científica é uma hipótese testada e expandida (um palpite) que explica muitos experimentos. Ela ajusta as ideias em uma estrutura. **Se alguém encontrar um caso em que toda ou parte de uma teoria científica é falsa, essa teoria é alterada ou rejeitada.**

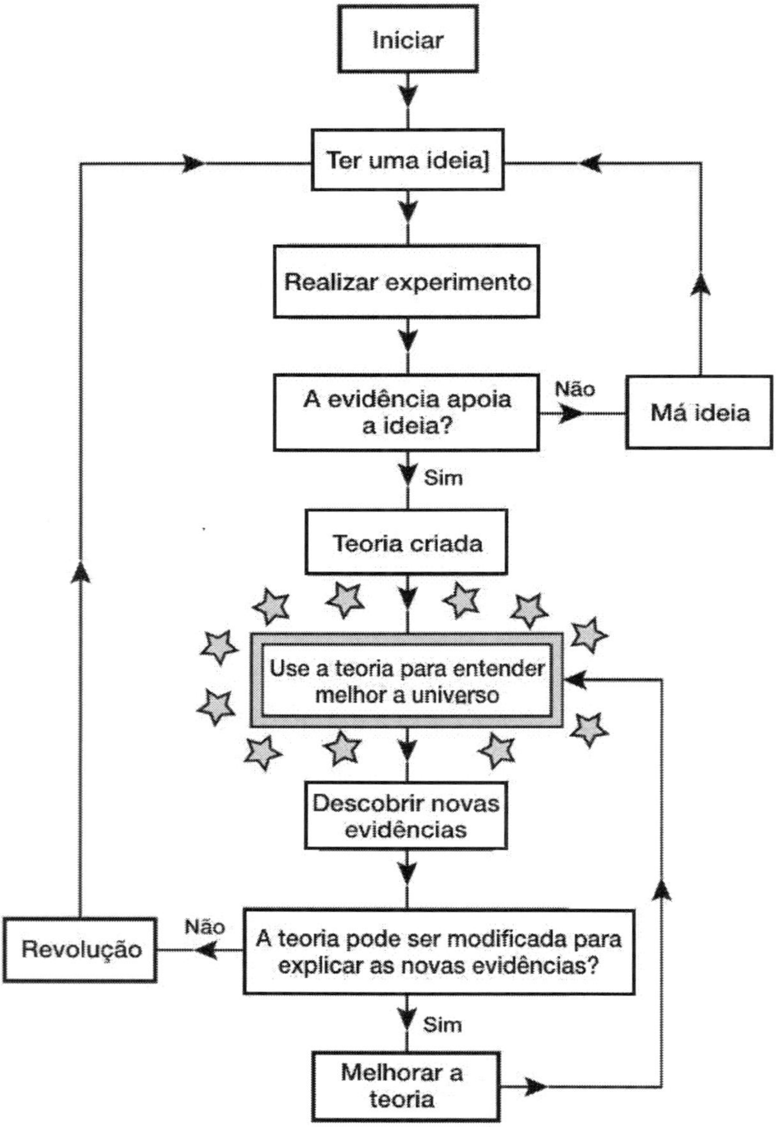

Um exemplo de teoria científica que sofreu muitas mudanças é a "teoria dos germes" da doença. Nos tempos antigos, as pessoas acreditavam que as doenças eram causadas pelos deuses, ou por maldições, ou por comportamento impróprio. **Para ser uma teoria científica, uma teoria deve ser testada um grande número de vezes, por diferentes cientistas em diferentes lugares, e deve passar o teste todas as vezes.**"[88]

Houve aspectos do ciclo de feedback da CIÊNCIA funcionando como pretendido, com resistência à teoria original do Zika como doença (pela SESAB). Mais tarde naquele mesmo ano, houve vários desafios para as outras duas partes da teoria: o pico de microcefalia e a associação de Zika como sua causa. É que ter os casos "à tona", em pânico e febre, divulgados prematuramente, vazados para a imprensa, nunca permitiu tempo adequado para a análise científica interna, crítica, revisão e ajuste teórico necessário para estabelecer o "fato". Isso privou qualquer base adequada para os céticos da política de saúde pública "pisarem no freio". A pressão para "fazer algo" sobre o problema percebido foi avassaladora e eclipsou as objeções feitas na época.

Aqui estão alguns dos desafios de causação de microcefalia e Zika observados por pesquisadores brasileiros, em 2015 - em coordenação com o nosso CDC dos Estados Unidos, em seu principal veículo para a publicação de recomendações e informações de saúde pública cruciais, o MMWR Journal:[89]

- Os níveis anteriores (históricos) de microcefalia no Brasil eram aproximadamente dez vezes mais baixos do que os padrões mundiais (e / ou subnotificados).
- Os relatórios aumentaram 40 vezes em 2015, sugerindo um aumento acentuado na prevalência de nascimentos e / ou aumento de notificações de casos.

- Mas, na verdade, isso foi apenas algumas vezes maior do que provavelmente era a média mundial real, dada a subcontagem anterior.[90]
- Em novembro de 2015, o Ministério da Saúde (**MS**) do Brasil anunciou um "protocolo de notificação especial" para microcefalia, aumentando enormemente as preocupações, preocupações e falsos positivos.
- Antes desta notificação, em todo o Brasil, o perímetro cefálico infantil não era rotineiramente registrado.
- Casos leves de microcefalia podem não ter sido relatados.
- Desde o alerta do ***Ministério da Saúde*** e a cobertura do surto pela mídia, a vigilância para microcefalia e a notificação de casos suspeitos por médicos aumentaram.[91,92]
- E, curiosamente, dado que houve um maior escrutínio - no ano subsequente, 2016, o (presumido) aumento da microcefalia desapareceu.[93]
- A infecção pelo Zika vírus não foi confirmada por laboratório em bebês, ou em suas mães, no momento da teorizada conexão inicial entre o Zika e a microcefalia.
- O "Zika foi verificado" apenas retroativamente! Não houve teste laboratorial de nenhuma das mães de bebês microcefálicos durante a gravidez ou no nascimento em 2015.
- Médicos interessados (por exemplo, Dr. Carlos Brito) questionaram essas mesmas mães, após saberem dos bebês microcefálicos, sobre erupções cutâneas ou febre inespecíficas e atribuíram esses sintomas altamente comuns ao Zika. (!)[94]

- Perguntar para mães traumatizadas (após o fato) sobre alguma possível erupção cutânea leve durante a gravidez invoca o viés da memória, quase necessariamente resultando em classificação incorreta de eventos que alegadamente causaram exposição ao vírus Zika.

Os humanos são suscetíveis à falácia de "*post hoc ergo propter hoc*"[95] (associar um evento que veio após outro evento como tendo sido resultante daquele evento anterior). É preciso força de vontade e moderação para esperar que uma cadeia de eventos aconteça antes de tirar conclusões peremptórias e prematuras.

No entanto, se o Zika fez isso, deveríamos saber; *se não,* deveríamos expor a verdade mais fortunosa. Talvez não imediatamente, mas mais tarde, no devido tempo - e não há momento melhor do que o presente. Mais de meia década depois, deve parecer incrivelmente curioso que esse vírus, que a Organização Mundial da Saúde (OMS) alertou como uma pandemia que causaria sérios danos em regiões tropicais ao redor do globo, tenha acabado por ser um não-evento, desaparecendo mesmo depois de um ano do susto.

O satírico do século XVIII, Jonathan Swift, afirmou

"Muitas vezes, se uma mentira for acreditada apenas por uma hora, ela fez seu trabalho, e não há outra ocasião para isso. A falsidade voa, e a verdade vem mancando atrás dela; de modo que, quando os homens forem desenganados, já é tarde demais; o gracejo acabou e o conto teve seu efeito..."[96]

É difícil competir com as concepções populares. A ciência foi prejudicada desde o início em relação à história do Zika-microcefalia, devido à liberação prematura de informações não verificadas - e a natureza emocional de ver as imagens extremamente tristes de bebês extremamente comprometdois e limitados, independentemente de qual tenha sido a causa.

11. As Areias Movediças dos Padrões Mutantes

A microcefalia tem muitas causas potenciais e, ao mesmo tempo, nenhuma especificamente.[97] Atualmente, tudo o que há são associações soltas, muitas das quais (as sublinhadas) ocorrem com mais frequência em condições de pobreza (como no Nordeste do Brasil).

- Lesões disruptivas
- Morte de um gêmeo monozigótico
- AVC isquêmico ou hemorrágico
- Infecções: "TORCHS" (toxoplasmose, rubéola, citomegalovírus, herpes varicela, sífilis) e HIV
- Teratógenos: álcool, hidantoína, radiação
- Fenilcetonúria materna
- Diabetes materno mal controlado
- Privação
- Hipotireoidismo materno
- Deficiência materna de folato
- Desnutrição materna
- Insuficiência placentária[98]

A síndrome também carece de definição absoluta. Em diferentes momentos e lugares, a métrica tem variado e ocasionalmente alternado entre -2 DP e -3 DP abaixo da média: 2,5% contra 0,15% dos bebês (uma diferença de 17x nos padrões!). Na "zona vermelha" retratada, alguns bebês são apenas menores, sem necessariamente ter causado um curto-circuito em qualquer possibilidade de crescimento intelectual posteriormente. Aqueles na zona "**-3σ**", no entanto, têm um futuro nitidamente triste.

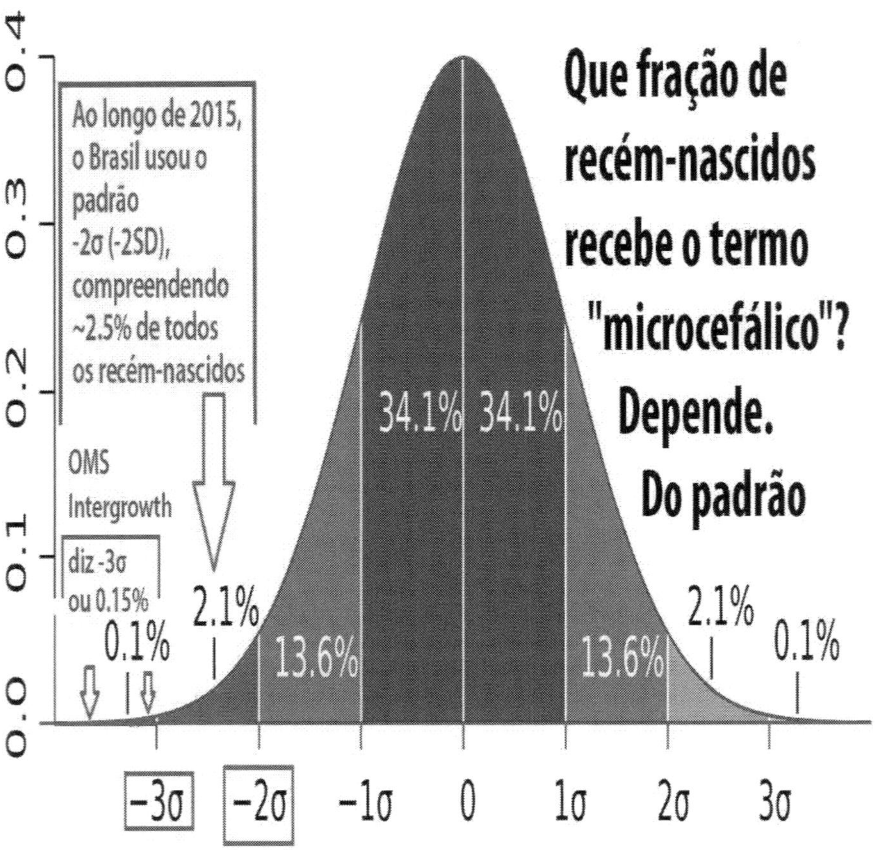

Para ginecologistas e obstetras, o diagnóstico de microcefalia meramente envolve a queda de um bebê em um lado da demarcação localmente atribuída (e potencialmente mutável) no tamanho da cabeça de nascimento; enquanto para os geneticistas, "microcefalia verdadeira" é uma severa anormalidade autossômica recessiva específica que representa cerca de 0,01% dos nascimentos.[99] Desde o início, estava implícito que o estouro de microcefalia do Brasil não era pela variedade genética.

Mesmo quando um médico obtém um bom histórico pessoal recente da gravidez da mãe, com exames laboratoriais, isso nunca é conclusivo para determinar uma causa precisa da microcefalia. Na verdade, o processo de diagnóstico é bastante complicado e o protocolo não foi seguido durante o pânico do Zika no Brasil.

Aqui está um protocolo de diagnóstico bastante complexo e preciso desenvolvido apenas dois anos antes do susto de 2015. Não há necessidade de memorizar esse diagrama, mas tenha em mente que esse nível de cuidado diagnóstico e clareza não ocorreu em Recife, que estava em pânico com o Zika.

"Microcefalia: nomenclatura importa! É importante deixar claro que o termo 'microcefalia' é um achado clínico e não deve ser usado como designação de doença. É comumente definida como uma redução significativa no perímetro cefálico frontal occipital (FO) em comparação com controles pareados por idade e sexo (mas às vezes não etnicamente).

- Usar o rótulo de microcefalia na população de -2 DP a -3 DP não ajuda no manejo, pois uma proporção significativa dessas crianças será 'normal';
- O rendimento da investigação genética é baixo;
- O formato da cabeça é importante, pois uma cabeça redonda contém um volume maior de cérebro do que uma cabeça elíptica com a mesma circunferência."[100]

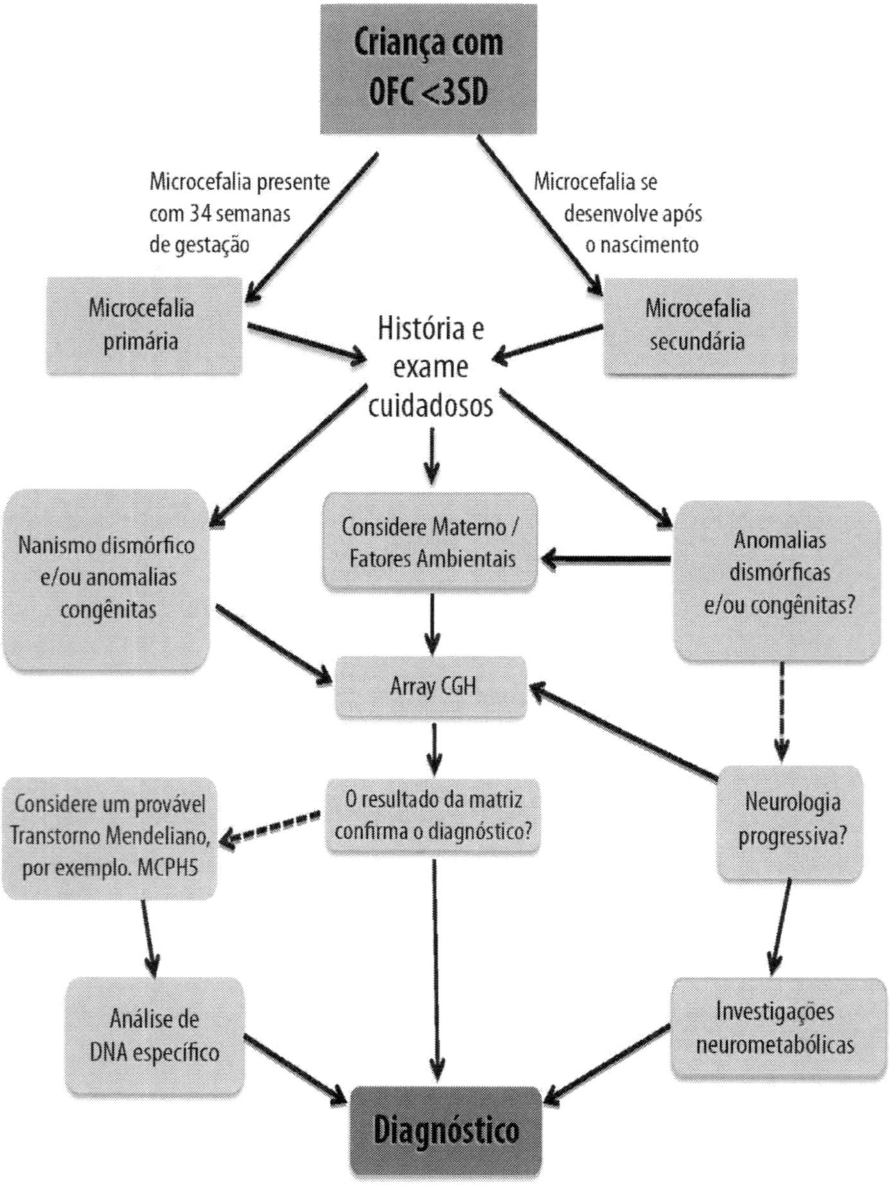

Uma vez que o pânico da microcefalia começou, houve uma sobrecarga do sistema, evidenciado pela redução posterior de dez vezes ou mais das alegações de microcefalia como inválidas.

Outra evidência é que durante o mesmo período, final de 2015, o Brasil mudou e apertou seu padrão diagnóstico para determinação de microcefalia.

De "Microcefalia no Brasil: como interpretar os números relatados" Os números de casos variaram drasticamente, dependendo dos padrões de corte. ***Os padrões frouxos de microcefalia do Brasil antes de 12.2015 ampliaram os casos de MC. Usando os padrões internacionais para medir a microcefalia, o número de casos caiu (estimado) em 200 vezes***

critério de triagem	perímetro cefálico determinante	Nordeste do Brasil	Brasil
Brasil's 2015	≤33 cm	158000	602000
Brasil's 2016	≤32 cm	46000	178000
Pan-Americano	<3rd % (WHO)	29000	114000
Abaixo de-2 SD	InterGrowth screener	18000	63000
Abaixo de-3 SD	InterGrowth stricter	800	3000

predicted # microcephalics

Esse aumento temporal nos casos suspeitos de microcefalia também pode ser distorcido devido ao aumento da conscientização, com mais crianças sendo medidas e relatadas do que o normal, e à mudança nas definições de microcefalia ao longo do tempo. Esses resultados devem ser interpretados com cautela, devido ao pequeno número de casos e à possibilidade de viés de notificação. A tabela mostra que o número de casos de suspeita de microcefalia variam de mais de 600.000 com o critério inicial do Ministério da Saúde a pouco mais de 3.000 se -3 DP for usado como ponto de corte." The Lancet, 5 de fevereiro de 2016

Nem nas reportagens científicas, nem jornalísticas do evento essa mudança de regras foi apresentada com destaque.

Por exemplo, nesta revisão epidemiológica muito completa,[101] números semanais são fornecidos, sem nenhuma menção à mudança contemporânea no padrão de microcefalia do Brasil. Isso poderia, é claro, significar que "na prática" o diagnóstico continuava em ritmo acelerado por quaisquer padrões (ou a falta deles) em vigor na época. Também há um reconhecimento tácito de "supernotificação", que provavelmente resultou de uma combinação de preocupação excessiva e diagnóstico excessivo, lado a lado com o pânico contínuo.

Observe o pico de casos na semana 49, uma ordem de magnitude maior do que suas cúspides no sudeste do Brasil, longe de Recife, no Nordeste do Brasil, onde acontecia o epicentro de notificações e dos mosquitos Aedes aegypti. Se o fenômeno da infecção tivesse ocorrido cerca de vinte a trinta semanas antes (no primeiro trimestre), então teria havido uma distribuição ampla e embotada, não este tipo de ponta afiada. , esses números foram reprimidos por revisões posteriores, eliminando a grande maioria como casos genuínos, por meio de diagnóstico adicionais que foram mais cuidadosos.

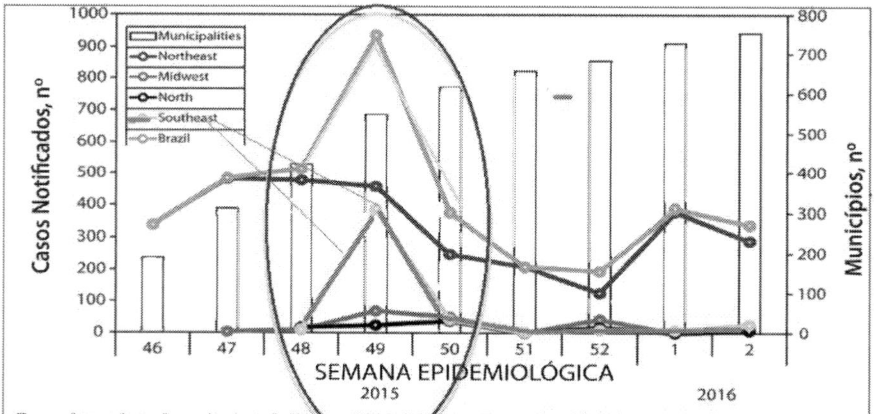

O maior pico de microcefalia no Brasil foi reflexo do pânico no sudeste, longe do epicentro do Zika. Quase imediatamente caiu. Os números do Nordeste estavam estáveis, com picos anteriores.
de: A Epidemia de Microcefalia Relacionada ao Zika Vírus no Brasil: Detecção, Controle, Etiologia e Cenários Futuros Am J Saúde Pública, abril de 2016
As barras de fundo representam o número total de municípios notificados, cumulativamente

Não houve pesquisa contemporânea, nenhum teste de Zika, nenhuma confirmação de caso, nenhum padrão uniforme e nenhuma comparação com os dados de anos anteriores – e, portanto, nenhuma confirmação factual de que os ***sentimentos*** dos médicos sobre um número maior de casos de microcefalia eram genuinamente estatisticamente significativos. Foi somente no final de 2015 que o Ministério da Saúde do Brasil estabeleceu um registro de microcefalia em todo o país.[102] Era, então, impossível que os neuropediatras de Recife pudessem concluir qualquer aumento de microcefalia.

Para ver a significância estatística dos eventos que acontecem, em geral em uma frequência muito baixa, é necessário um volume de amostragem muito alto.[103] Esta é uma das vantagens dos chamados "big data": enormes bancos de dados de computador que podem ser filtrados e analisados em busca de pequenas variações associadas que se chocam umas com as outras. Por exemplo, em algum lugar lá fora, alguém provavelmente estudou a melhor escolha de cor para decoração de banheiro ao vender uma casa;[104] a melhor roupa para vestir para uma entrevista; a melhor coleção de cursos e atividades para entrar em uma faculdade específica; o único melhor jogador, dentro de milhares, para um time de futebol. Mas tudo isso exige grandes quantidades de dados, uma longa análise e comparação, com novos testes de validação.

Todos esses exemplos de "grandes dados" são eventos ou transações bastante comuns. Por outro lado, a raridade subjacente de microcefalia faz o discernimento de pequenas mudanças na taxa de microcefalia muito mais difícil. Se fosse afirmado que chuvas no Saara mudaram um ano (devido a, digamos, uma erupção vulcânica na Indonésia), mesmo uma pequena alteração observada, talvez de 3,2 polegadas (8,13 cm) de chuva anual contra 3,9, não provaria o caso. Seria difícil para mostrar que essa mudança foi significativa, e ainda mais difícil para associá-la com alguma nova causa, especialmente se ela só tivesse ocorrido naquele ano e nunca depois, no Saara, ou em qualquer outro lugar.

12. A Bolha da Microcefalia

Certamente houve uma bolha de alegações de microcefalia coincidindo com (ou induzida por, e então espalhando) o pânico. Sob um exame mais minucioso, quase todas as reivindicações de 2015 foram dissolvidas, sem características de microcefalia genuínas. No momento em que a OMS estava declarando uma emergência pelos ~ 4000 casos de microcefalia notificados no Brasil, menos de 10% haviam sido confirmados - e apenas 0,15% (um total de seis casos) haviam sido (ainda que tenuemente, após o fato) ligados a uma possível infecção da mãe por Zika.[105]

Muito poucos na imprensa cobriram qualquer notícia sobre o Zika com ceticismo em 2016, então, respeito é dado para Julia Belluz da Vox, reimprimindo seus pensamentos aqui (*com um acréscimo meu em itálico*).[106]

1. **Um viés de conscientização**. Quando os médicos começaram a soar o alarme no ano passado sobre o impacto que o Zika poderia ter no cérebro dos fetos, as autoridades de saúde brasileiras aumentaram maciçamente os esforços para encontrar bebês que podem ter sido prejudicados pelo vírus. As pessoas estavam assustadas, e certamente os médicos também. Nesse contexto, os médicos procuravam por microcefalia e podem ter sido mais propensos a relatar a complicação do parto.
2. **Uma linha de base incorreta**. Há alguma suspeita de que os médicos brasileiros subnotificaram a microcefalia antes da chegada do Zika. [*MAS, com base em um padrão que era muito frouxo e em 2015 mudou para um mais rigoroso*]. Tudo isso torna difícil determinar se o aumento

na microcefalia é real. [que, juntamente com nenhum dado do ano anterior, registro]

3. **Diagnóstico difícil**. A microcefalia é difícil de diagnosticar. É uma condição que é causada por uma série de coisas – do alcoolismo materno à síndrome de Down. A Organização Mundial da Saúde observou que a definição de caso para Zika precisa ser padronizada, já que, no momento, as estimativas podem estar captando muito ruído.
4. **Confusão sobre casos suspeitos e confirmados**. Nós, na mídia, às vezes não reconhecemos ou comunicamos que os relatos iniciais de números de doenças infecciosas nem sempre representam casos reais.

Passaram-se mais alguns anos até que as tentativas de reconstruir os dados do ano anterior se concretizassem.[107] Surpreendentemente, nenhum aumento real na microcefalia de dentro do ano de "pandemia" de 2015 foi observado. Ainda mais chocante, isso em si não se tornou uma notícia importante.

DE: Microcefalia no nordeste do Brasil: um estudo retrospectivo em neonatos nascidos entre 2012 e 2015. A OMS

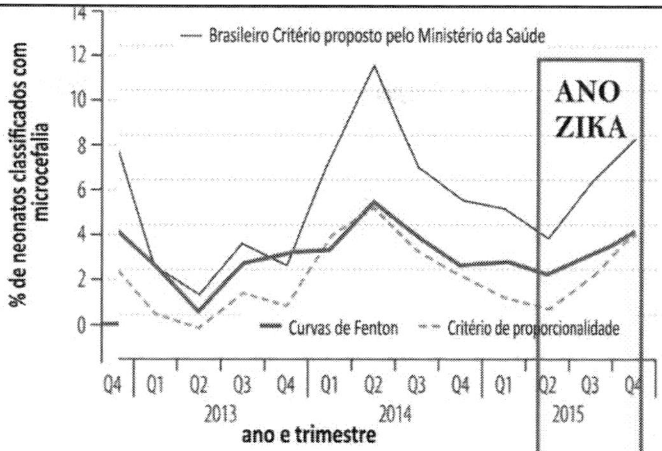

neonatos com microcefalia na Paraíba, Brasil, 2012-2015
Os números de Zika não mostram diferença real em relação aos anos anteriores'

O círculo maior é a "linha de base" da taxa de microcefalia dos anos anteriores no Brasil e o círculo menor é o total do ano de pandemia (histeria) de Zika de 2015. As três linhas diferentes se referem a diferentes critérios de diagnóstico. Uma pequena observação: a microcefalia não apareceu do nada no final de 2012. É somente que nenhum dado foi coletado antes de meados de 2012. Provavelmente, em todos os anos anteriores, era a mesma mediana do resto do gráfico.

Além disso, há um erro flagrante (de omissão) até mesmo neste relatório que reduziria ainda mais os números gerais de microcefalia do Brasil.[108] Esses dados foram obtidos de hospitais estaduais, atendendo principalmente a áreas pobres. Esse fato importante, e potencial viés de seleção, não foi divulgado no artigo, mas sim em uma entrevista posterior.[109] Não há como confirmar os casos anos após o nascimento, com médicos e pacientes amplamente dispersos.

Adicionalmente, a microcefalia não foi tão bem testada quanto as pessoas na época presumiam. Os dados foram mal coletados e organizados, os métodos de coleta eram inconsistentes entre os diferentes locais. O autor deste relatório, Dr. da Silva Mattos, no epicentro das reivindicações de microcefalia, no Recife, afirma que **no Brasil antes de 2016, "a *notificação de microcefalia não era obrigatória nem tinha critérios claramente definidos*"**[110] e, embora houvesse algumas medições existentes sobre nascimentos, "*o conjunto de dados original não incluía dados de circunferência da cabeça.*"[111]

Portanto, em 2015, quando as mães em todo o Brasil entraram em pânico com a perspectiva do Zika causar aumento nas taxas de microcefalia, não havia base científica para a alegação subjacente. Mesmo se estipularmos que os Drs. van der Linden, de fato, notaram mais casos de microcefalia localmente em Recife do que seus próprios índices habituais, o que por si só não poderia provar uma epidemia. Eventos incomuns ocorrem de forma incomum - sem perturbar a ordem subjacente. Todos nós já passamos por várias vitórias sucessivas ou por duas semanas de chuva, entendendo que isso vem desvinculado de qualquer significado mais profundo.

Assim que o alarme Zika-microcefalia soou, havia o fator adicional de "viés de conscientização" descrito mais acima: pessoas vindas de áreas próximas a Recife, encaminhadas e direcionadas para ver o(s) especialista(s) conhecido(s). Os médicos e os pais, compreensivelmente, seguem esse padrão de cautela mencionado anteriormente, sob o risco de um diagnóstico excessivo, de modo a não perder um caso potencial.

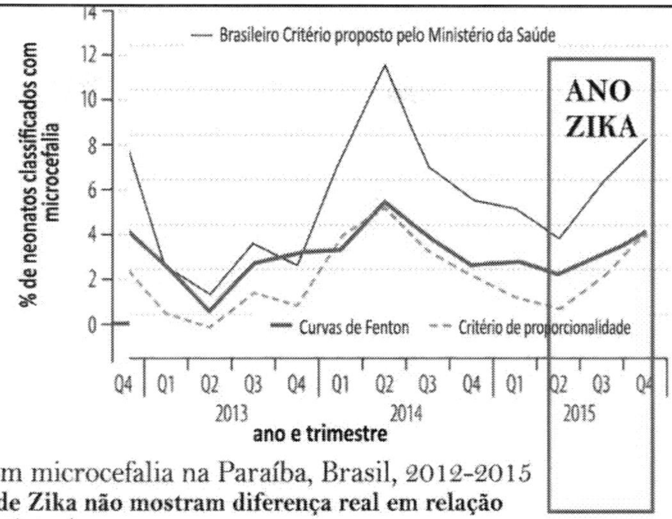

Aqueles que procuram dados confirmatórios para Zika / microcefalia podem apontar para mais casos de microcefalia grave no ano com Zika, mas eles representam um número decrescente de neonatos em geral, em torno de 0,1%. Independentemente, isso é difícil de interpretar com, de novo, a ausência de quaisquer dados anteriores de vários anos para comparação. Além disso, números muito pequenos têm mais variação de "ruído", estatisticamente.[112]

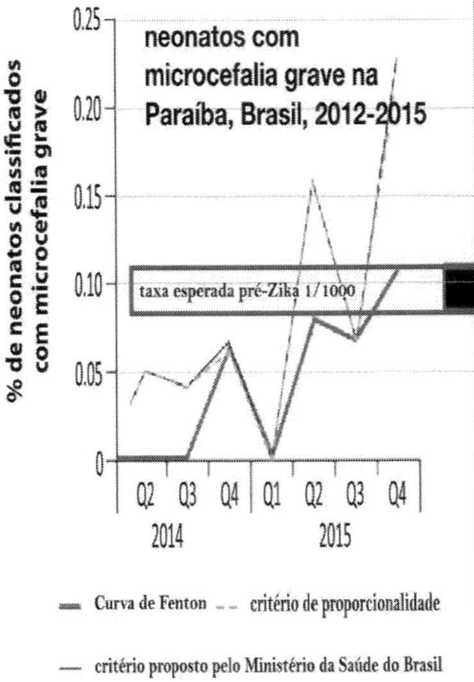

As taxas de microcefalia grave durante a altura do Zika estavam apenas na linha de base anterior usual de 1/1.000 nascimentos.

"A microcefalia grave seria esperada em 0,1% das crianças se a distribuição normal fosse assumida."

-- Avaliação da criança com microcefalia

Estes investigadores deveriam ser aplaudidos por até mesmo a tentativa imperfeita para recriar um registro de microcefalia federal no Brasil, mas em certo sentido, tem sido "muito pouco e tarde demais": a notícia não foi divulgada, e não houve nenhuma imposição para uma retração das reivindicações originais. Os médicos em ambos os lados da hipótese de ligação entre Zika e microcefalia, os que encontraram ou evocaram o Zika (sem testar) em um mar de dengue indistinguível - e aqueles que encontraram mudanças nos números de microcefalia quando não havia nenhuma (e atribuindo esses equívocos à "virus du jour") ainda conseguem surfar essa onda de fama e apreço por suas atuações presumidamente humanitárias e altruístas.

E tudo isso aconteceu a um custo considerável de miséria humana. Muitas vezes, quando olhamos para a "ciência" e as teorias, perdemos de vista o incrível impacto e a reviravolta que isso traz para a população real que vivencia essas declarações e o medo causado por elas. A Dra. Sandra da Silva Mattos, autora desta visão retrospectiva da microcefalia, curiosamente se deparou com este tema e/ou informação por acaso, tendo feito estudos de recém-nascidos por razões completamente diferentes, como cardiologista pediátrica.

Por favor, leia ***a entrevista da Dra. Sandra da Silva Mattos por Dr. Norman Swan,*** fevereiro de 2016 [113]

Norman Swan: Sandra, como pediatra e como cidadã e como mulher, na verdade, qual é o ânimo no país?

Sandra da Silva Mattos: Ah, está beirando um estado de pânico para as gestantes. Já vi mulheres mais ricas se mudarem para outras cidades mais ao sul, onde (não há) um problema tão dramático. Já vi mulheres preocupadas se podem engravidar. **Já vi mulheres usando três peças de roupa adicionais, uma em**

cima da outra, esperando não serem afetadas por isso. E também tenho me preocupado com mulheres usando uma tremenda quantidade de óleos protetores (repelentes), em quantidades que acho que podem gerar outro problema porque não sabemos o quanto todos esses produtos químicos que elas estão colocando na pele também podem afetá-las ou não...

Norman Swan: Então, em outras palavras, você está preocupada com os pesticidas nos corpos das mulheres, que podem afetar os bebês.

Sandra da Silva Mattos: Com certeza, pode ser outra coisa porque algumas delas estão colocando muito, de hora em hora, e por mais que elas sejam ensinadas a ter cautela e não usar tanto e tudo mais, elas dizem, bem, entre arriscar que isso cause alguns problemas ou ter um bebê com microcefalia, melhor continuar colocando essas loções a cada duas horas ou a cada três horas.

Norman Swan: E ouvimos falar da demanda por interrupções (abortos) em um país católico.

Sandra da Silva Mattos: Sim, essa é outra questão enorme. Não vi nada acontecendo diretamente nessa área, mas certamente houve conversas, houve pessoas perguntando, e houve pessoas aconselhando pelo menos não engravidar até **que isso seja melhor esclarecido.**

Mais de meia década depois, cidadãos preocupados merecem ter a situação "***mais esclarecida***"***. Desconstruindo o Zika*** visa ajudar nesse sentido.

13. Os Mosquitos Não Conhecem Fronteiras... O Resultado Líquido?

O ano de 2015 foi um turbilhão de abertura para a teoria do Zika-microcefalia. O começo de 2016 continuou a tendência:

BBC NEWS

vírus Zika: Previsão de até quatro milhões de casos de Zika

Zika: Brasil mobilizará exército na luta contra vírus

Zika: Planos Olímpicos anunciados pelas autoridades do Rio

Zika vírus pode se tornar 'pandemia explosiva'

Zika vírus desencadeia chamadas de atraso na gravidez

Por que a Ásia também deveria se preocupar com o Zika

Acima, as manchetes da BBC do pico de notícias da Zika-microcefalia em janeiro de 2016. Nos meses seguintes, depois nos anos - nem tanto: certamente não há retrações das terríveis previsões.

É compreensível que a cobertura da mídia onipresente e aterrorizante (como a venerável BBC no final de janeiro de 2016, mostrada aqui) convencesse as pessoas de que todos os três aspectos subjacentes

1. Dengue leve ERA Zika
2. Havia MAIS microcefalia
3. Um causou o outro

foram fatos (embora com #1 e #2 não comprovados e sem documentação - e #3 dependendo de #1 e #2).

No entanto, 2016 teria representado o primeiro "caso de teste" da teoria e, como tal, deveria ter se mostrado deliberativo e confirmatório (se real). Houve uma conscientização pública inevitável sob a bandeira da OMS de *Emergência de Saúde Pública Internacional com Zika*[114] ("***PHEIC***" - Public Health Emergency of International Concern) - junto com o início da possibilidade de testes de laboratório em tempo real para Zika; bem como métricas mais firmes e padronizadas para determinar a microcefalia real; ambos facilitados por um maciço financiamento internacional.

As previsões eram muito rigorosas, completas e "cientificamente" derivadas. Aqui está uma previsão de 2 milhões de nascimentos afetados por zika em 2016, representando potencialmente até 200.000 bebês microcefálicos adicionais na América Latina.[115] Para referência, a todo o pânico/pandemia de Zika-microcefalia (2015-2016) foi atribuído um total de apenas 1600 desses casos[116] (sobre os quais deveria haver, gerado em nosso trabalho, alguma dúvida quanto à causa real). Essas previsões representam um aumento de 100 vezes em relação ao ano anterior e basicamente uma proporção infinitamente maior do que realmente ocorreu (quase zero) nos anos subsequentes.

Essas previsões terríveis manteriam a premissa de que o Zika tinha sido capaz de cobrir grandes áreas do Brasil em um ou dois anos, literalmente nas asas do mosquito vetor pré-existente na

"É difícil fazer previsões, principalmente sobre o futuro".
- Provérbio dinamarquês

Projeções de infecções pelo vírus Zika e microcefalia na epidemia da primeira onda

Área exposta ao Zika	mulheres grávidas	Nascimentos, anualmente	casos de microcefalia previstos	na taxa de microcefalia de 5% do CDC
Brasil	*37,400,000*	*579,000*	28,950	
As Americas	93,400,000	1,650,000	82,500	

Essas previsões foram publicadas na Nature Microbiology julho 25, 2016.

Se considerado pelo valor de face, o Brasil teria 30.000 nascimentos microcefálicos por ano. O número real do Brasil foi inferior a 3.000 no total em não um, mas três anos de maior escrutínio (2015, 2016, 2017). Além disso, os números estavam mais próximos de zero em todo o resto da América Latina.

a partir de; "Projeções baseadas em modelos de infecções pelo vírus Zika em mulheres grávidas nas Américas"

América do Sul, o *Aedes aegypti.*

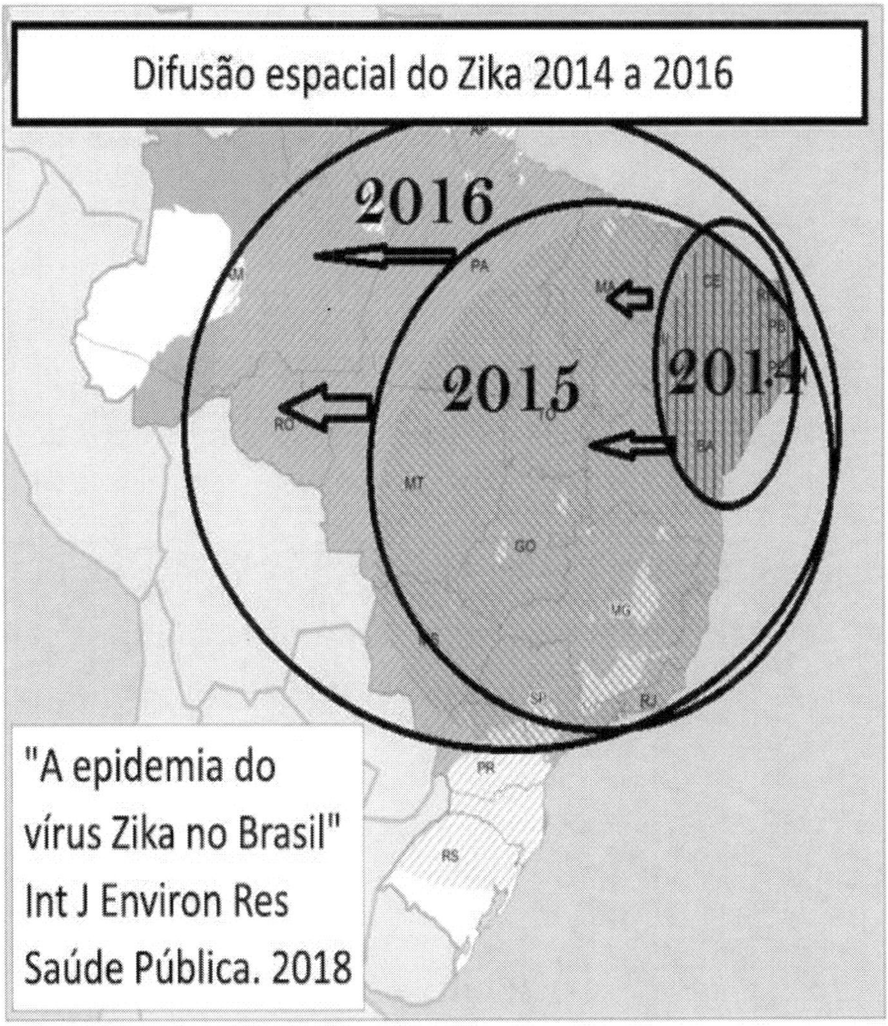

Para aqueles aceitando essa premissa de rápida Zika-transmissibilidade, as perspectivas para uma eventual infestação e conquista das Américas estavam abertas. O *Aedes aegypti* já havia atingido todos os pontos tropicais na terra. Tudo que Zika "necessitaria" era que seu hospedeiro móvel inconsciente continuasse a fazer sua coisa sanguinária de mosquito: morder, cuspir, e beber no seu caminho ao longo de passar Zika, como ele já havia feito com a dengue. Além disso, a outra metade da simbiose do Zika, os humanos, poderia fazer o resto: viajar livremente pelo mundo. Afinal, a Zika-teoria requer seu salto de Yap para o Brasil, como teria acontecido neste caso com esportistas Polinésios em uma corrida de canoa no Rio de Janeiro.[117] Qualquer viagem das Américas para outros continentes produziria em curto prazo saltos semelhantes, pelo menos para áreas tropicais onde o *Aedes aegypti* prospera.

Aqui, em vermelho, está *a* "rede de distribuição mundial" *do Aedes aegypti,* como sempre foi nos trópicos e no mundo inteiro.

Por mais vívidas e assustadoras que fossem as proteções de 2016, de certa forma, elas estavam discretamente evitando trazer à tona um cenário ainda pior do que este "pior caso": ou seja, o potencial do Zika se mover além dos trópicos para áreas temperadas. Assim como o Zika tem sua dengue biológica quase gêmea - o *Aedes aegypti* tem seu parente próximo *Aedes albopictus.*

A história de dois mosquitos

A. aegypti	A. albopictus
pica principalmente humanos (antropofílicos)	pica principalmente animais selvagens e domésticos (zoofílicos) mas também humanos
tende a picar dentro de casa	tende a picar ao ar livre
alimenta-se várias vezes por ciclo de produção de ovos	se alimenta uma vez por ciclo de produção de ovos
se adapta bem a assentamentos humanos urbanos	habita áreas rurais e urbanas

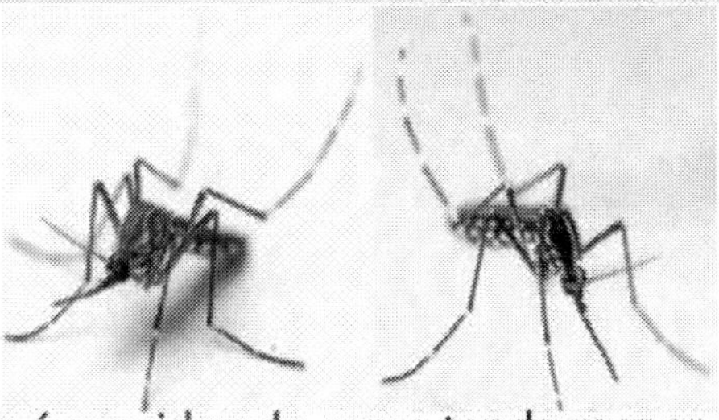

A. albopictus é considerado como tendo menor capacidade vetorial do que A. aegypti para transmitir arboviroses (vírus transmitidos por insetos), incluindo Zika ; no entanto, o A. albopictus demonstrou ser capaz de transmitir o vírus Zika na África e em ambientes laboratoriais.

O terreno do *Aedes albopictus* coincide com algumas das zonas mais populosas da Terra, potencialmente dobrando o alcance do Zika e os casos de microcefalia.

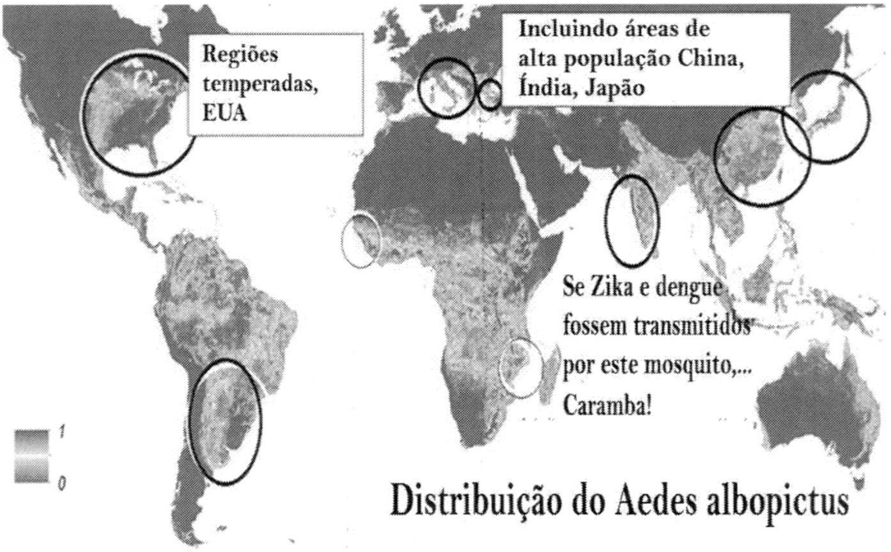

Felizmente *Aedes aegypti* e *Aedes albopictus* têm suas diferenças. Enquanto ambos conseguem carregar e transmitir Zika (e dengue), o mosquito tropical *Aedes aegypti* tem uma maior "fome" e propensão para fazê-lo. Não querendo correr nenhum risco, o ramo europeu da OMS produziu avisos sobre o *Aedes albopictus.*[118]

E quais foram os resultados desses cenários de pior caso temidos nesses climas temperados? Felizmente, "***nada***": havia algumas preocupações sobre os viajantes regressando do Brasil com Zika potencialmente em seus sistemas – e incerteza se poderia ou iria ocorrer a transmissão sexual do vírus, perpetuando a propagação até na ausência de qualquer mosquito vetor. Afinal, Zika não pegou na Europa como uma doença nativa, com ou sem os mosquitos vetores. Trabalhando retroativamente desde os primeiros princípios, deveria ter sido óbvio que o ***Zika não faria***

este cruzamento - porque (o seu quase-gêmeo) dengue não o fez.

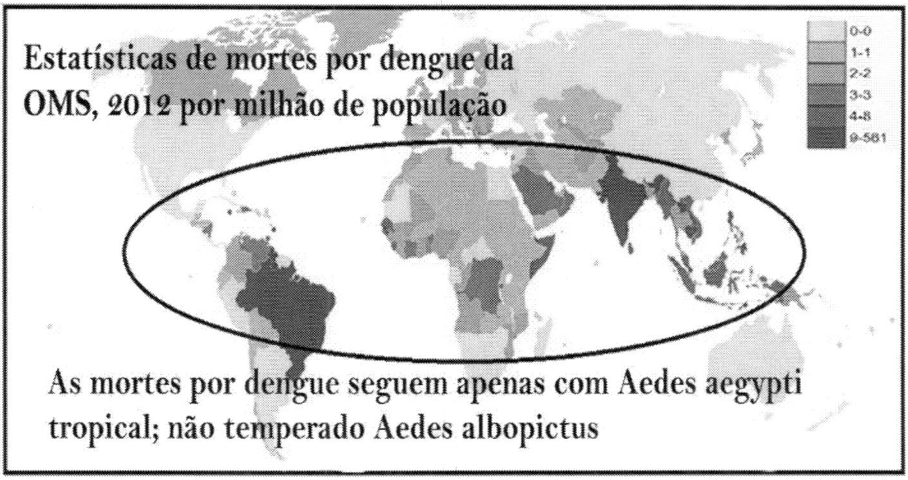

Notícias ainda melhores: a taxa de microcefalia não mudou na Europa durante esse período (com seus critérios mais rígidos de medição e diagnóstico "de última geração", do início ao fim).[119] Enquanto isso, a taxa de microcefalia real no território continental dos Estados Unidos também parece ter permanecido essencialmente inalterada durante este período.

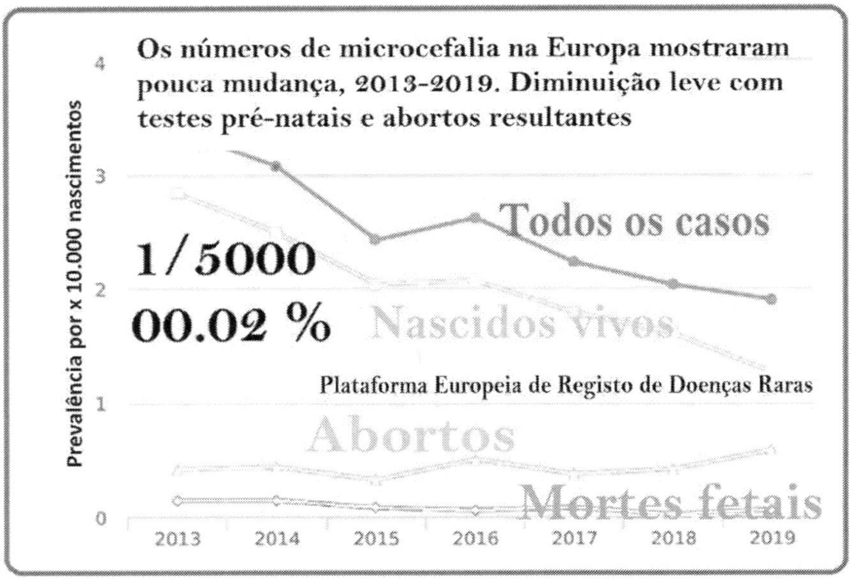

Dados nacionais são difíceis de achar. Os casos são acompanhados por estados individuais e foram compilados no CDC pela recém-criada US Zika Pregnancy and Infant Registry (USZPIR) – Registro Zika de Gravidez e Crianças dos EUA; no entanto, esta agência fechou de vez. Ela foi criada durante uma emergência declarada que não combinava (na realidade) com os receios iniciais, e então, presumivelmente, como a razão de seu mandato desapareceu, também sumiu o seu financiamento.

Enquanto a US Zika Pregnancy and Infant Registry (USZPIR) existiu, ela brevemente mostrou alguma elevação de curto prazo em defeitos congênitos, no final de 2016, nos territórios tropicais dos EUA, mas não nos Estados Unidos com qualquer significância estatística (~20%, mas apenas em "certas regiões da Flórida e do Texas").[120]

O ***Desconstruindo o Zika*** fez várias consultas individuais para estados do sul dos Estados Unidos sobre dados de microcefalia, mas essas não foram respondidas. "Nenhuma notícia é uma boa notícia" provavelmente reflete a situação da microcefalia, já que o número geral de casos de Zika nos EUA passou de insignificante para zero nos últimos anos. Os números do Zika nos EUA nunca foram altos, estadualmente - e, do jeito que foi, pode ter sido apenas um artefato de histeria da mídia e a onda resultante de pânico. As reclamações dispararam por um ano, coincidente com a onda de histórias do Zika, no início de 2016. Nos meses seguintes, com o Zika-microcefalia acabando em nada, mesmo em seu epicentro, as reclamações nos EUA desapareceram.

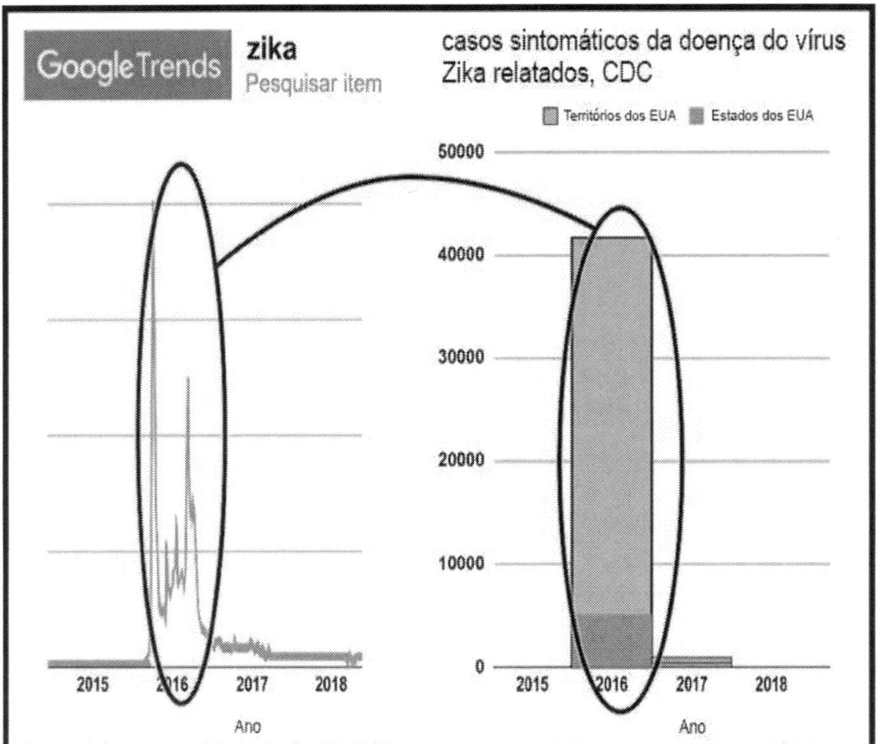

Exuberância irracional da "bolha do Zika". Alarmados com as notícias, os casos de zika nos EUA vão de zero a 40.000 e depois voltam a zero (casos relatados nos EUA (CDC)). As reportagens dos casos nos EUA seguiram precisamente a intensidade da cobertura de notícias do Zika, dados do CF

Há evidências de que fenômeno semelhante (de reclamações agravadas pelo pânico) ocorreu no Brasil. Existem duas comparações diferentes a serem feitas:

- **Entre estados no Brasil,** no ano de origem (2015). Aqueles mais próximos das notícias de última hora do Recife tiveram muito mais reclamações de microcefalia do que mesmo aqueles com taxas mais altas de prevalência do mosquito Aedes aegypti.
- **Entre o Brasil e outros países tropicais da região** - particularmente aqueles que compartilham fronteiras, no

ano seguinte quando as antenas de todos estavam levantadas.

Entre estados, no Brasil:

Houve grandes diferenças entre estados brasileiros endêmicos com *Aedes aegypti* na TAXA de incidência de microcefalia.

"O risco absoluto estimado de um caso de microcefalia confirmado previsto em um bebê nascido de uma mulher infectada durante a gravidez, assumindo uma taxa de infecção de 50%, variou de 0,006% no estado do Paraná, no sul do Brasil, a 0,99% no estado de Sergipe, no nordeste do Brasil"

Isto é uma diferença de 165 vezes na taxa de microcefalia – este gráfico sobrepõe as taxas alegadas e confirmadas de microcefalia no Brasil em 2015, com dois mapas diferentes do Brasil (um rotulando os estados - e outro exibindo a distribuição do mosquito vetor). As comparações são as melhores feitas entre as áreas com níveis semelhantes de clima tropical e *Aedes aegypti,* como mostrado aqui entre os círculos vermelhos e pretos.

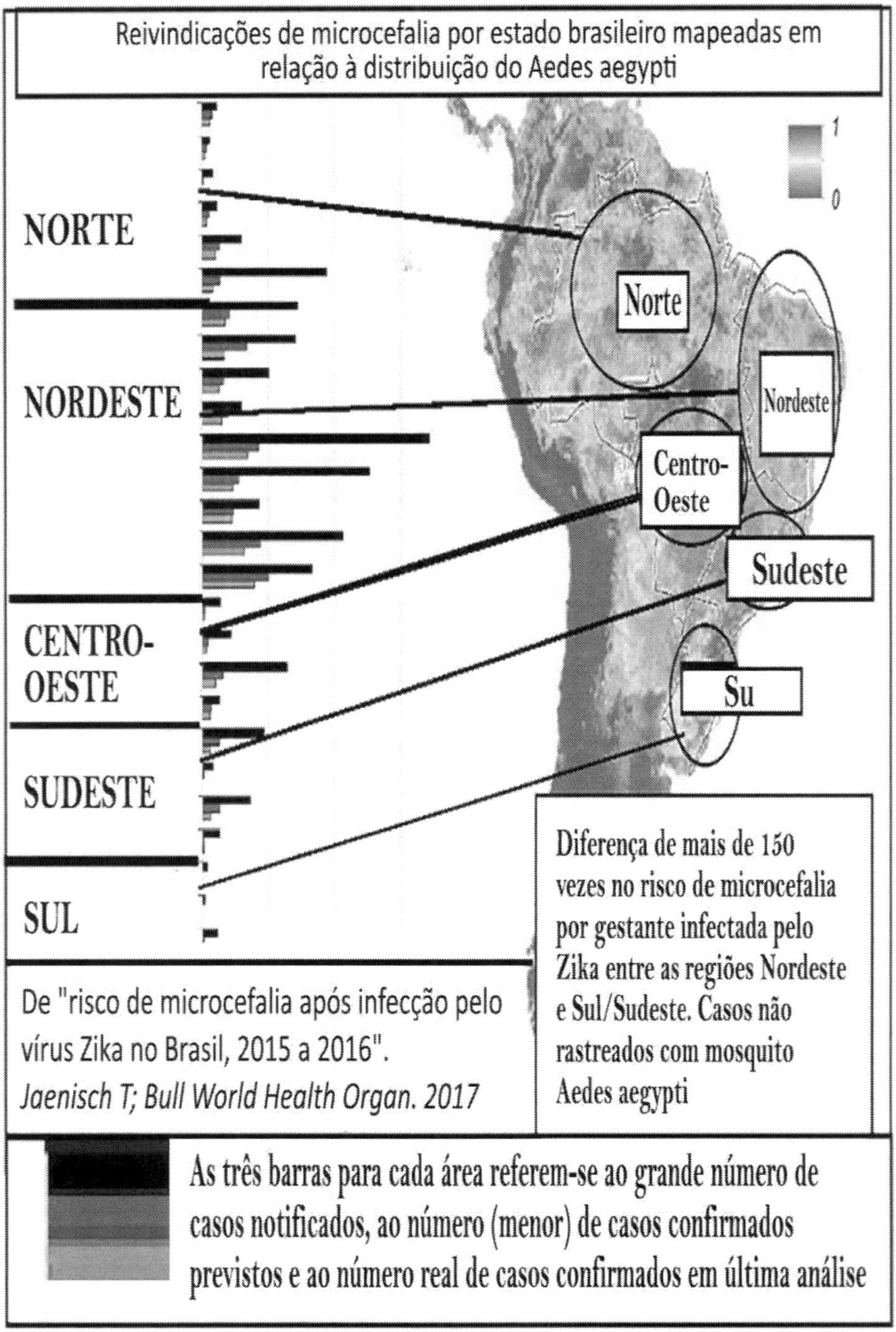
Reivindicações de microcefalia por estado brasileiro mapeadas em relação à distribuição do Aedes aegypti
1
0
NORTE
NORDESTE
CENTRO-OESTE
SUDESTE
SUL
Norte
Nordeste
Centro-Oeste
Sudeste
Su
Diferença de mais de 150 vezes no risco de microcefalia por gestante infectada pelo Zika entre as regiões Nordeste e Sul/Sudeste. Casos não rastreados com mosquito Aedes aegypti
De "risco de microcefalia após infecção pelo vírus Zika no Brasil, 2015 a 2016".
Jaenisch T; Bull World Health Organ. 2017
As três barras para cada área referem-se ao grande número de casos notificados, ao número (menor) de casos confirmados previstos e ao número real de casos confirmados em última análise

Uma tentativa de argumento para explicar o enorme diferencial pode ser que (de alguma forma) o Zika existia apenas no Nordeste; no entanto, o suposto porto de entrada do Zika da Polinésia Francesa foi o Rio de Janeiro (por meio das corridas de canoa de agosto de 2014).[121] Então, se estivesse em qualquer lugar do Brasil (2015), teria sido pelo menos igualmente no Sul / Sudeste do Brasil e no Nordeste.

Entre o Brasil e outros países tropicais da região:

Na medida em que o Zika foi medido, ou mensurável, com precisão no ano subsequente, 2016, ele foi rastreado em todas as partes tropicais das Américas, mas (novamente) houve um grande diferencial na taxa de microcefalia entre o Brasil e todas as outras nações referidas.[122]

O Brasil (especificamente no Nordeste) foi o único lugar no hemisfério sul com aumento significativo sobre as taxas base de casos de "síndrome congênita associados ao Zika" (ou seja, microcefalia).

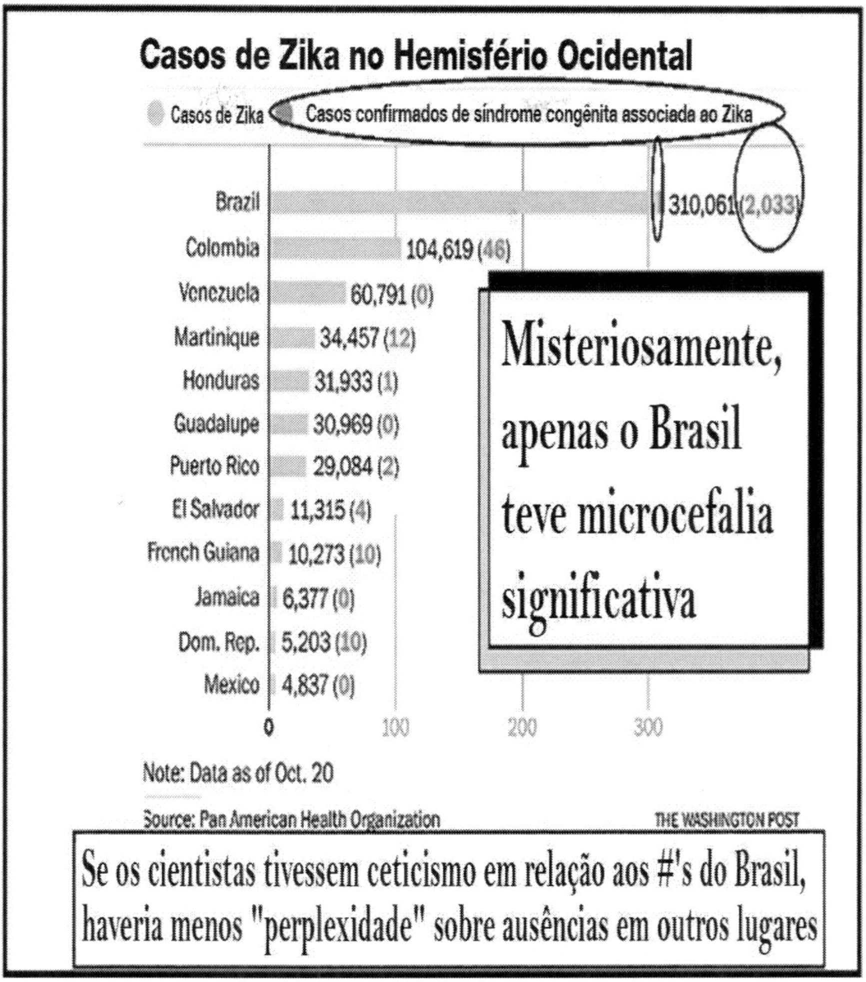

O vizinho imediato do Brasil, a Colômbia (que em sua porção sul compartilha a floresta tropical amazônica, o Zika e o mosquito Aedes aegypti) não apresentou aumento de microcefalia como no Nordeste do Brasil (veja abaixo, círculo preto).

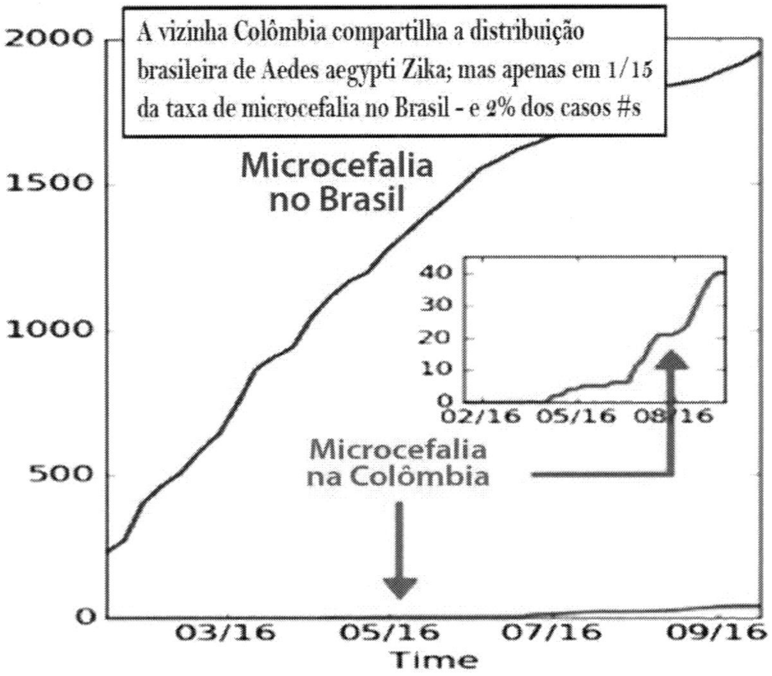

de: Uma possível ligação entre piriproxifeno e microcefalia. PLoS Curr. 2017 novembro; Bar-Yam Y.

Para ser justo, nem o próprio estado brasileiro do Amazonas, na fronteira com a Colômbia, apresentou aumento. E no ano seguinte basicamente nenhum estado teve aumento, nem mesmo no Nordeste do Brasil. Em todos os anos seguintes, também sem aumento.

Qual é a explicação para este enorme diferencial nas taxas de microcefalia entre

- Nordeste do Brasil versus o resto de seus estados, em 2015
- Brasil de 2015 versus Brasil de 2016

- Brasil versus América Latina, em 2016
- Brasil de 2015 versus todos os outros países (incluindo o Brasil), todos os anos daí em diante

É claro que algo único e irreproduzível aconteceu no Brasil em 2015. Por algum motivo, ninguém parece pensar que pode ser que as almas intrépidas que surgiram com qualquer uma ou todas as três partes que constituem a teoria do Zika-microcefalia possam estar erradas.

Zika e seu problema associado, a microcefalia, ocorreu em uma taxa excepcionalmente mais alta e com maior frequência no NE

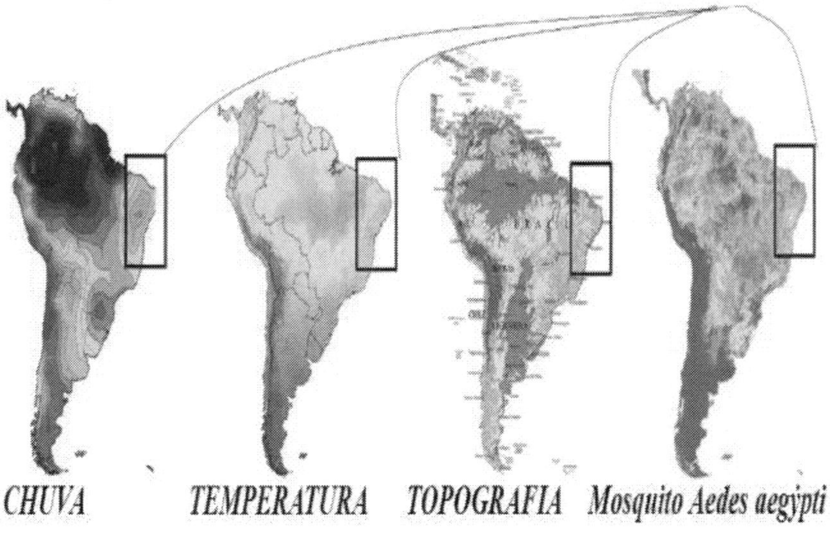

Outras partes da América do Sul têm semelhanças de chuva, temperatura, topografia e mosquito Aedes, mas taxas MUITO MAIS BAIXAS de Zika microcefalia.

14. Penetração Viral, Rubéola vs. Zika

A tríade viral "sarampo, rubéola, caxumba" é bem conhecida pela sigla "SRC", sendo a vacinação infantil obrigatória para a mesma. Cada um desses três vírus traz uma doença infantil moderada que todos os pais preferem evitar em seus filhos - mas a razão mais importante para esta vacina é que meninas, obtendo a imunidade antes da gravidez, impedem o perigoso dano neurológico congênito da rubéola: principalmente retardo mental do bebê e / ou surdez, resultante de essencialmente todas as infecções por rubéola no primeiro trimestre.

CONSEQUÊNCIAS DA RUBELA MATERNA CONFIRMADA EM ESTÁGIOS SUCESSIVOS DA GRAVIDEZ

ELIZABETH MILLER JOHN E. CRADOCK-WATSON
THOMAS M. POLLOCK

Laboratório de Pesquisa Epidemiológica, Laboratório Central de Saúde Pública, Colindale Avenue, Londres NW95HT, e Laboratório de Saúde Pública, Hospital Withington, Manchester M20 8LR

Mais de mil mulheres com infecção por rubéola confirmada em diferentes estágios de gravidez foram acompanhadas prospectivamente. Dois terços das mulheres eram multíparas. A gravidez continuou em 40%, e os bebês foram acompanhados após o nascimento, tanto clínica quanto sorologicamente. A **frequência de infecção congênita após rubéola materna com erupção cutânea foi superior a 80% durante as primeiras 12 semanas de gravidez**, 54% em 13-14 semanas e 25% no final do segundo trimestre. A taxa de infecção voltou a subir, atingindo um valor alto no mês passado. O acompanhamento foi até 2 anos de idade - os achados em crianças infectadas foram comparados com aqueles em crianças que escaparam da infecção. **Os defeitos da rubéola ocorreram em todos os bebês infectados antes da 11ª semana (principalmente cardiopatia congênita e surdez) e em 35% dos infectados entre 13-16 semanas (surdez isolada)**. Nenhum defeito atribuível à rubéola foi encontrado em 63 crianças infectadas após 16 semanas. A vigilância continuada de casos confirmados de rubéola durante a gravidez é recomendada como uma forma adicional de monitorar o efeito da vacinação contra a rubéola.

The Lancet, sábado, 9 de outubro de 1982

Por meio do sucesso da vacinação, a "Síndrome *da Rubéola*"[123] essencialmente desapareceu. Por essa razão, a literatura médica sobre o tema pode parecer ultrapassada. Como exemplo, em 1982 uma revisão mostrou que a taxa de rubéola em infligir danos é quase universal.

"Defeitos da rubéola ocorreram em **todos os** bebês infectados antes da 11ª semana (principalmente doença cardíaca congênita e surdez) e em 35% dos infectados entre 13-16 semanas (surdez sozinha)."[124]

Esta é uma situação bastante diferente do Zika, que ***no PIOR*** foi pensado como tendo uma taxa de penetração de defeito congênito inferior a 10%. Os números agora oscilam em um único dígito de porcentagem, entre 2% e 4%. Esta taxa é muito diferente de outros agentes neurotóxicos infecciosos congênitos, como toxoplasmose, rubéola e citomegalovírus.

Rubéola foi o mais comum dos três da "SRC", mas desapareceu com a vacinação universal. Os outros dois só são muito raramente diagnosticados, portanto, os dados são difíceis de encontrar. Os defeitos congênitos ocorrem com uma frequência de 30 – 40% em infecções maternas de citomegalovírus,[125] ou do protozoário parasita, o toxoplasma.[126]

Por um breve período no início dos anos 1960, a talidomida foi uma pílula prescrita para dormir. Isso provocou a triste ocorrência de bebês sem membros, nascidos de mães desavisadas. A pílula foi imediatamente retirada quando a conexão foi feita. Estudos retrospectivos mostraram que a probabilidade de defeitos congênitos era de 50% desde a ingestão de uma única pílula nos primeiros 30 dias de gravidez - e provavelmente perto de 100% para episódios múltiplos.[127]

A taxa de defeitos congênitos da exposição à rubéola no primeiro trimestre é de 80-100%; de CMV 30–40%; de toxoplasmose 30–40%; da talidomida 50–100%. Compare essas taxas infelizmente robustas de infecção por transmissão vertical, e seus defeitos congênitos, com a porcentagem de um dígito do Zika (ou seu "gêmeo fraterno" - a taxa de dengue dos flavivírus de 0%, ou seja, nenhuma).

A canção da Vila Sésamo cuja letra diz "*Uma dessas coisas não é como o outro, uma destas coisas apenas não pertence*" não é exatamente científica, mas serve neste caso como um lembrete de que a improbabilidade do Zika em causar danos congênitos reflete a improbabilidade de que, de fato, diretamente provoca danos congênitos. Isso é um pouco de um trava-língua, mas espero que o ponto fique claro: se ele realmente trouxesse um processo perigoso *no útero*, ele provavelmente iria perpetuar tais danos numa base mais regular. Os outros agentes infecciosos culpados são 10 a 40 vezes mais potentes e frequentes ao fazê-lo. Isso lança dúvidas sobre o Zika como um membro desse clube notório.

Outra diferença entre o Zika e esses teratógenos mais reproduzíveis e mais documentados por longo prazo, é que os outros tinham bases de comparação mais amplas e mais bem estabelecidas a partir das quais poderiam se estabelecer as taxas de danos. ***Desconstruindo o Zika*** documentou que em 2015 o Brasil não tinha registro prévio de microcefalia.[128] Embora os Drs. van der Linden presumissem que a taxa de microcefalia do Recife era maior do que a linha de base; reconstruções de dados posteriores demonstraram que não era o caso.[129]

Além disso, mesmo que houvesse um registro, a "linha de base" teria sido maior que a de países mais desenvolvidos. As próprias condições de extrema pobreza acompanham taxas de microcefalia mais altas - então se, e quando, uma comparação fosse feita em Recife em 2015, não haveria muito o que notar sobre o "aumento".

Esse fenômeno foi curiosamente trazido à luz em 2018 por pesquisadores brasileiros, publicado na PEDIATRICS. Eles apresentaram "*A Tale of Two Cities*" em duas cidades menos conhecidas, a quase 2.600 km de distância, com poucas outras semelhanças além de ambas estarem no Brasil: interior versus oceano; Sul contra Norte.[130]

Prevalência e Fatores de Risco para Microcefalia ao Nascer no Brasil em 2010. "A prevalência de microcefalia grave foi muito maior do que o esperado em ambas as cidades, Nossos achados sugerem que a microcefalia era endêmica em ambos os municípios antes da circulação do vírus Zika. PEDIATRIA. Fevereiro 2018

Este estudo parece sugerir que o verdadeiro "vírus" que causa taxas mais altas de microcefalia no Brasil (e provavelmente em outros lugares do mundo uma vez que visto mais de perto) é a pobreza - não diretamente, mas pelos vários fatores de risco que a acompanham. Começamos um capítulo anterior com esta tabela.

Essas associações de microcefalia sublinhadas ocorrem com mais frequência em condições de pobreza (como as do Nordeste do Brasil).

- Lesões disruptivas
- Infecções: "TORCHES" (toxoplasmose, rubéola, citomegalovírus, herpes varicela, sífilis) e HIV
- Diabetes materno mal controlado
- Privação
- Hipotireoidismo materno
- Deficiência de folato materno
- Desnutrição materna
- Uso excessivo de álcool
- Teratógenos: hidantoína, radiação
- Fenilcetonúria materna
- Insuficiência placentária
- Morte de um gêmeo monozigótico
- AVC isquêmico ou hemorrágico

A abundância de indivíduos em situação de pobreza não tem esses problemas, mas existem correlações entre a pobreza e uso de drogas e álcool; violência doméstica; nutrição incompleta; proximidade de toxinas; germes que circulam através de mosquitos; e as condições de vida menos higiênicas - tudo o que podem inibir indiretamente o crescimento durante a gravidez.

A pobreza também acompanha a prematuridade e, no Brasil, menor estatura - ambas podem acarretar menor perímetro cefálico ao nascer - situação que pode ser confundida com microcefalia (se a proporcionalidade a um menor tamanho geral do corpo não for verificada simultaneamente). A pobreza pode muito bem ter sido o principal gerador de casos de microcefalia no Recife em 2015, como veremos neste próximo capítulo (independentemente de haver realmente uma verdadeira "epidemia de microcefalia").

15. Um Olhar Mais Atento Sobre o Epicentro da Microcefalia do Zika no Recife

O próximo gráfico mostra casos de microcefalia em Recife, plotados geograficamente contra uma sobreposição de disparidade de riqueza entre os bairros da cidade.[131]

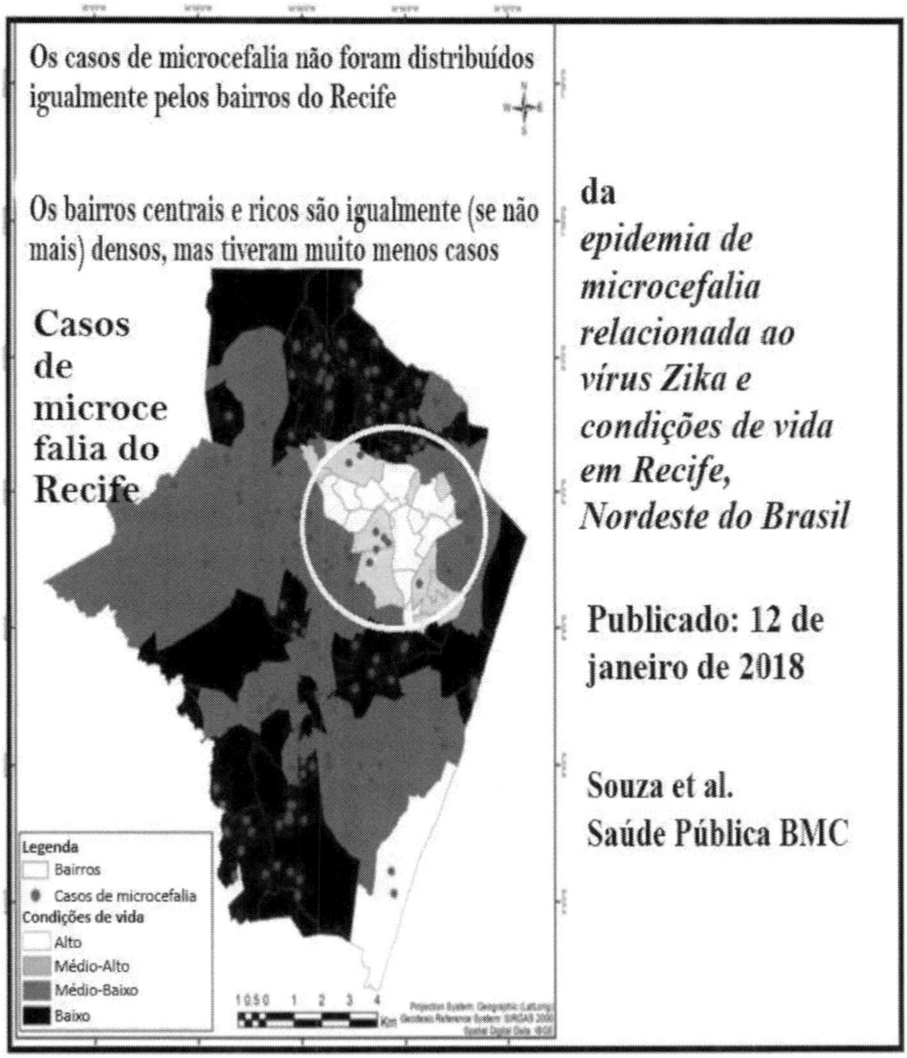

Cada ponto vermelho representa um número fixo de casos de microcefalia em Recife em 2015, concentrando-se em áreas de pobreza.[132] O centro de Recife é mais densamente povoado (com arranha-céus), mas exibe menos casos de microcefalia, e isso antes de quaisquer medidas de precaução extraordinárias para evitar mosquitos (mais do que o normal). O mesmo vale para o bairro litorâneo densamente povoado e rico de Boa Viagem (no Sudeste).

Os americanos podem estar acostumados com os subúrbios sendo mais ricos. As cidades brasileiras invertem esse padrão. Os ricos concentram-se na cidade enquanto os pobres residem nas áreas circundantes, possivelmente o resultado histórico da abolição da escravatura em 1888.[133] Escravos libertos foram expulsos dos centros ricos das cidades e forçados a residir nos arredores.[134]

"Como Recife é uma capital, não é incomum que camponeses chegam em busca de melhores condições de vida e acabam falhando nessa busca. Ficando literalmente sem nada, muitos constroem casas improvisadas à beira de canais sujos e ganham a vida de qualquer forma que está disponível para eles; esta é a 'situação extrema'. Alguns se misturam às favelas, mas para isso precisam de algum dinheiro. As favelas têm um interessante 'contraste de sobrevivência', já que são consideradas "esquecidas" ou espaços marginalizados. As pessoas agem como 'gatos', roubando eletricidade por meio de enxertos de arame e cavando buracos no sistema de água. Efetivamente, o custo é coberto pelo resto da cidade, que acaba tendo que pagar mais. Há uma ampla gama de contrastes econômicos em Recife, de extremamente rico a absolutamente miserável. Algumas pessoas literalmente vivem 'debaixo da ponte'. O esgoto a céu aberto é um problema comum no Nordeste do Brasil."[135] [136] [137]

Um estudo brasileiro de 2016 mostrou que apenas 38% da população urbana de Recife estava conectada à rede de esgoto.[138] A maioria dos pobres não têm dinheiro para ar condicionado. Clima tropical, janelas abertas possivelmente sem mosquiteiros, locais abundantes de água estagnada. Sem dúvida, as pessoas que vivem nessas áreas estão mais expostas aos mosquitos do que suas contrapartes mais ricas; no entanto, antes de tirar conclusões precipitadas, esteja ciente que outros cofatores de pobreza estão associados à microcefalia congênita adquirida.

Outro fator crucial a considerar é a mistura étnica diferente entre o Nordeste do Brasil mais *mestiço* e *"índio"*, e o lócus de poder, prestígio e riqueza no Sul / Sudeste mais etnicamente europeu (Brasília, Rio de Janeiro, São Paulo)[139] de onde os gráficos de padrões de medição da cabeça (em parte) se originaram.[140]

Distribuição por cor ou raça por região			
região	Branco	Preto	Multiracial
Norte	23.2	6.5	67.2
Nordeste	**29.2**	**9.4**	**59.8**
Centro-Oeste	41.5	6.6	49.4
Brasil	47.5	7.5	43.4
Sudeste	54.9	7.8	36
Sul	**78.3**	**4**	**16.7**

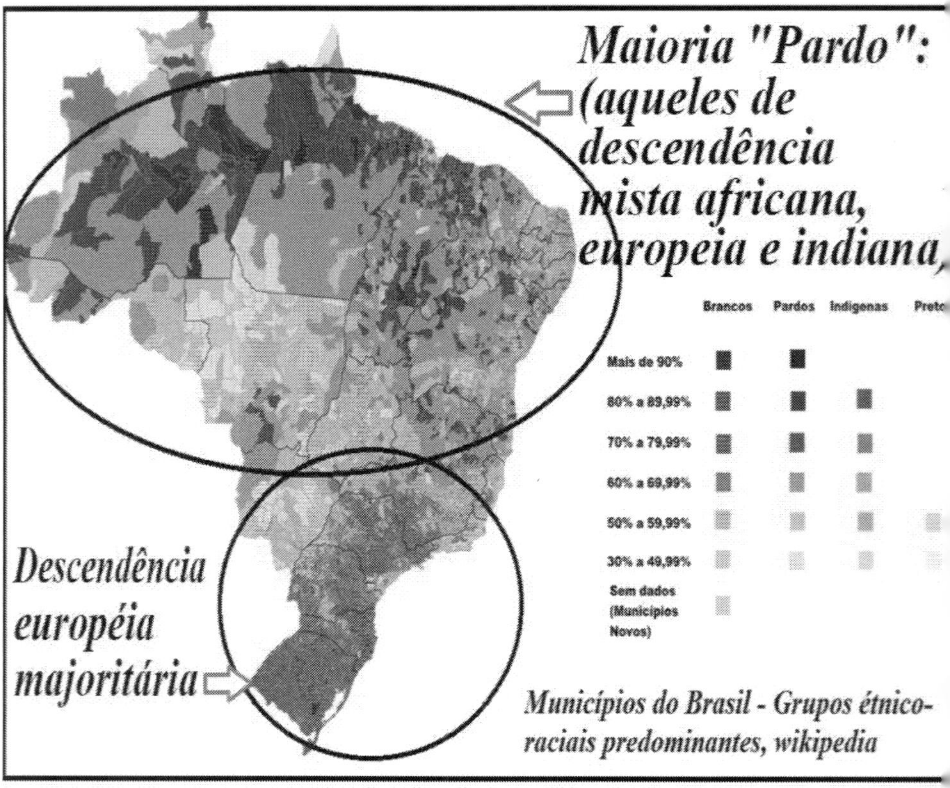

Aproximadamente, a altura aumenta de índio, para mestiço, para branco.[141] As regiões Sul e Sudeste do Brasil têm sido historicamente mais altas do que as regiões do surto de Zika / microcefalia.

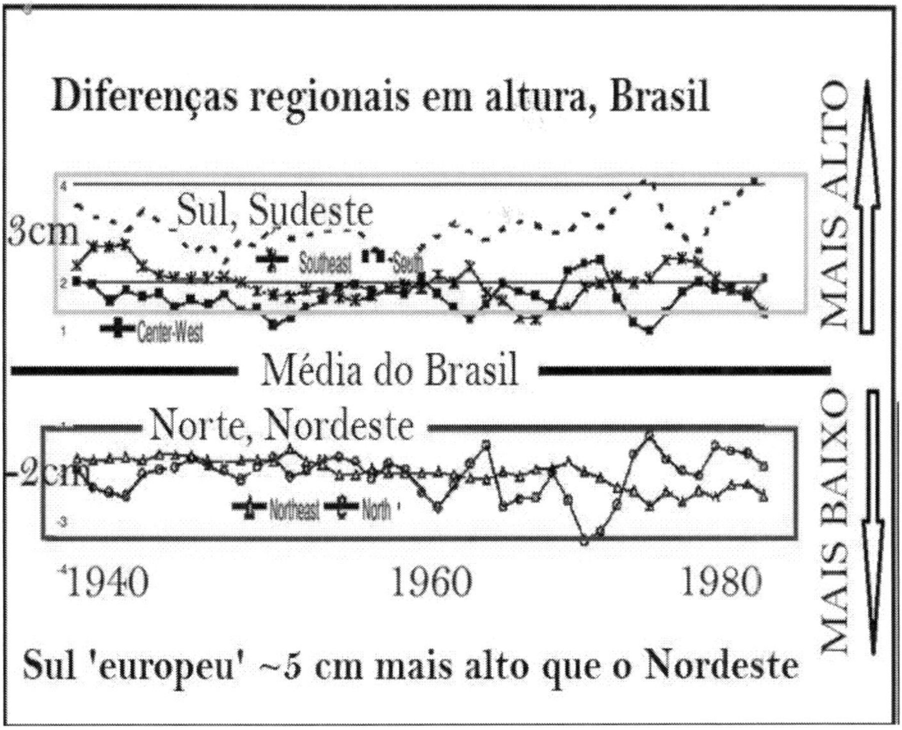

A causa é provavelmente uma mistura de diferenças genéticas inatas com o aspecto de retardo do crescimento de uma nutrição pobre.[142] Há um fator adicional de aumento de altura da hibridização dos casamentos mistos, mas determinar sua taxa de diferencial entre grupos étnicos está além do foco deste livro. Em qualquer caso, indivíduos menores criam bebês menores. Além disso, as circunstâncias de pobreza acompanham mais prematuridade, o que representa uma força para um perímetro cefálico menor no nascimento.

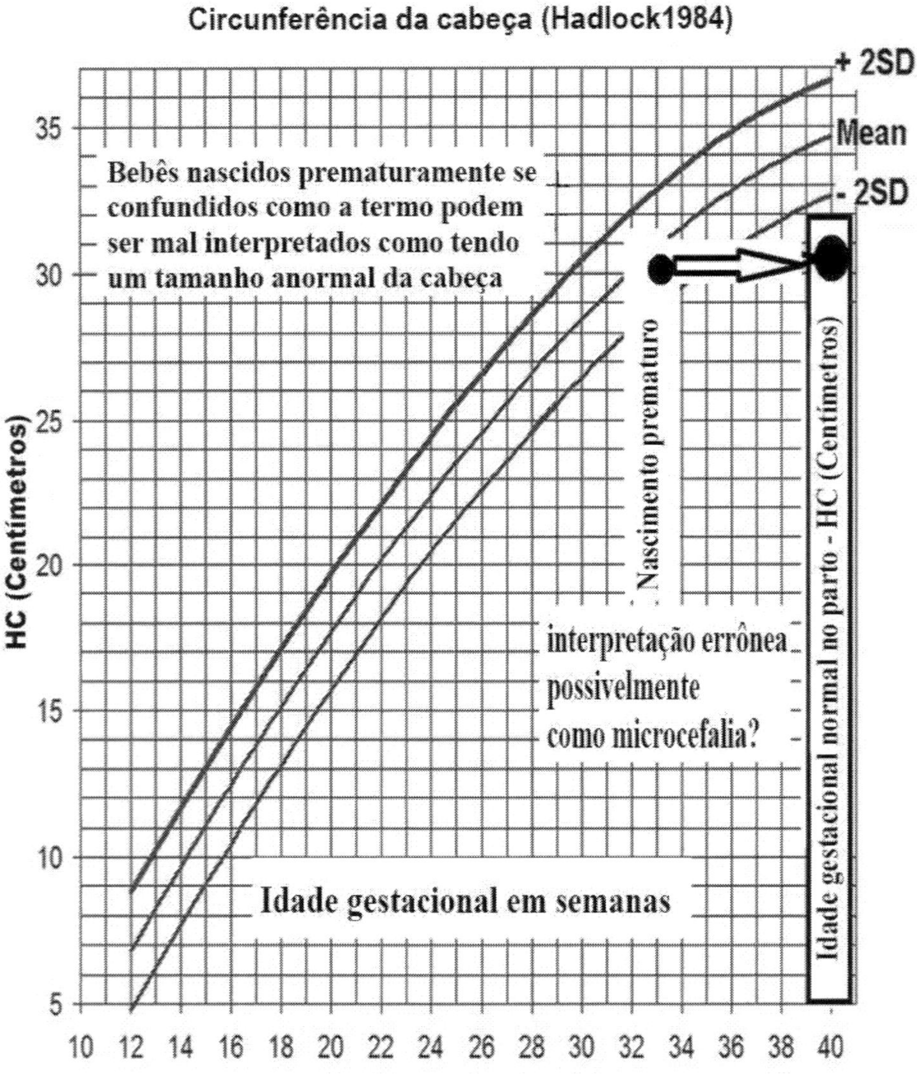

Medidas padrão do tamanho da cabeça derivadas de populações mais altas com melhor nutrição geral e menos prematuridade podem não ter sido a melhor escolha para estabelecer (de novo) se houve de fato um aumento de microcefalia nessas partes mais pobres de Recife. Espera-se que as crianças nascidas e criadas em áreas mais ricas cresçam bastante - incluindo o tamanho da cabeça. Se esse foi realmente o caso, há uma possibilidade real de que a microcefalia nessas áreas mais pobres possa ter sido diagnosticada em excesso na pressa do julgamento. Todos esses pronunciamentos deveriam ter vindo com ENORMES ISENÇÕES de que não houve comparações no ano anterior na mesma etnia, mesma demografia da pobreza em Recife.

Conforme mencionado no capítulo anterior, em 2018, alguns anos após o fato, o Prof. de Epidemiologia Antônio da Silva tentou recriar um contexto para o suposto surto de microcefalia de Recife em 2015. Ele coletou dados de 2010 medidos em duas cidades brasileiras, uma do Norte e uma do Sul. Usando dois gráficos padronizados de fundo diferentes, ele encontrou taxas mais altas do que as previstas em ambas as cidades:

"Nossas descobertas sugerem que a **microcefalia era endêmica** em ambos os municípios **antes** (!) da circulação do vírus Zika."[143]

Isso é impressionante! Vamos voltar por um momento e analisar o que isso significa. Em primeiro lugar, o aumento não contextual do Zika-microcefalia em 2015 parece ainda mais claro ter sido uma confusão envolta em desespero e coberta com pressa. Com números de microcefalia de fundo de 2010, muito mais altos do que o esperado, os dados de 2015 não representam nenhum aumento!

Em uma edição da revista Pediatrics, as epidemiologistas americanas Elizabeth Dufort e Jennifer White discutem porque a recriação do Prof. da Silva foi necessária:

Conforme o mundo soube do surto emergente do vírus Zika... surgiram rapidamente questões sobre o aumento dramático na microcefalia relatada... Havia duas questões abrangentes naquela época:

- quão grande foi o aumento da incidência de microcefalia no Brasil
- e quanto disso pode ser atribuído ao vírus Zika?

Essas professoras americanas, ecoando algumas das preocupações deste artigo, se perguntam:

- Se o aumento da conscientização pode ter levado a um aumento nos relatórios.
- Se as avaliações iniciais foram ainda mais agravadas por comparação com uma linha de base pré-Zika que dependia de um sistema de vigilância passiva.
- Se a falta de uma abordagem padronizada e aceita internacionalmente para a medição e definição de microcefalia, (tornou) as comparações de taxas entre regiões e períodos difíceis.[144]

O gráfico abaixo aponta (como já foi mostrado antes) que as alegações de microcefalia não apenas não correspondiam à distribuição do Aedes aegypti,[145] mas não combinavam com os centros populacionais do Brasil. O determinante mais forte das reivindicações parecia ser a proximidade de Recife, o local da reivindicação original da "epidemia de microcefalia".[146]

Notavelmente, essa não é especificamente a área onde a "dengue leve" foi determinada como "Zika".

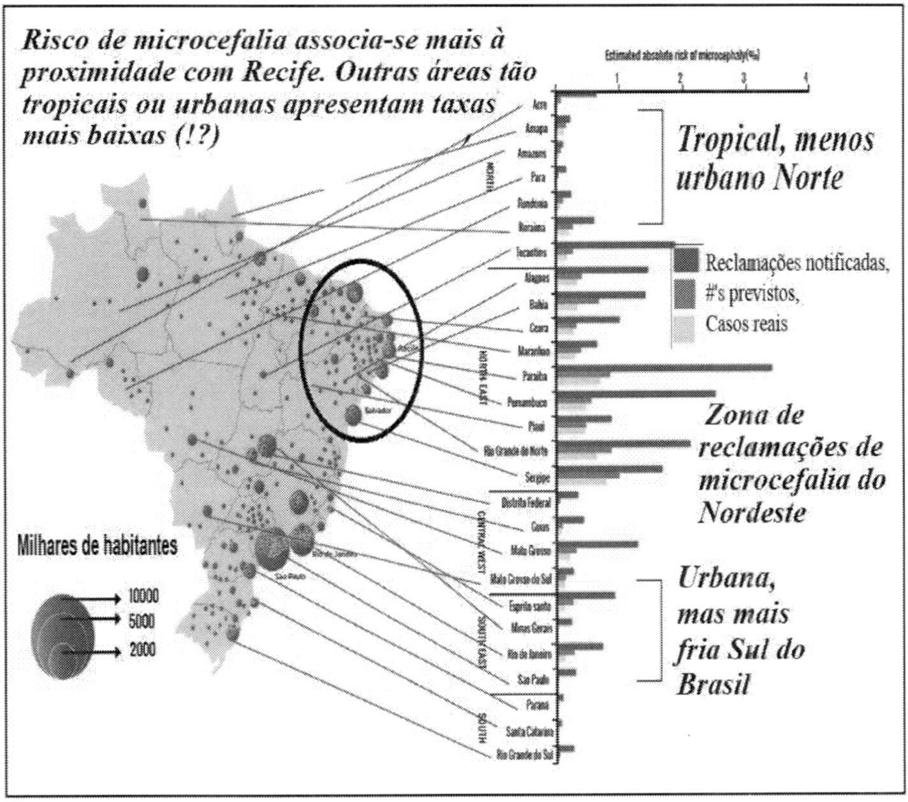

As taxas mais altas ocorreram na Paraíba e em Pernambuco - as áreas onde as pessoas falavam sobre microcefalia mais vezes e mais cedo.[147] Os humanos agem e reagem emocionalmente: quanto mais as pessoas falam sobre microcefalia, mais ela se torna notícia. Isso leva a uma preocupação ainda maior e a mais casos relatados. Isso acontece independentemente dessas preocupações serem clinicamente justificadas ou não.

Interesse, ao longo do tempo, pela "microcefalia" no Brasil

Google Trends

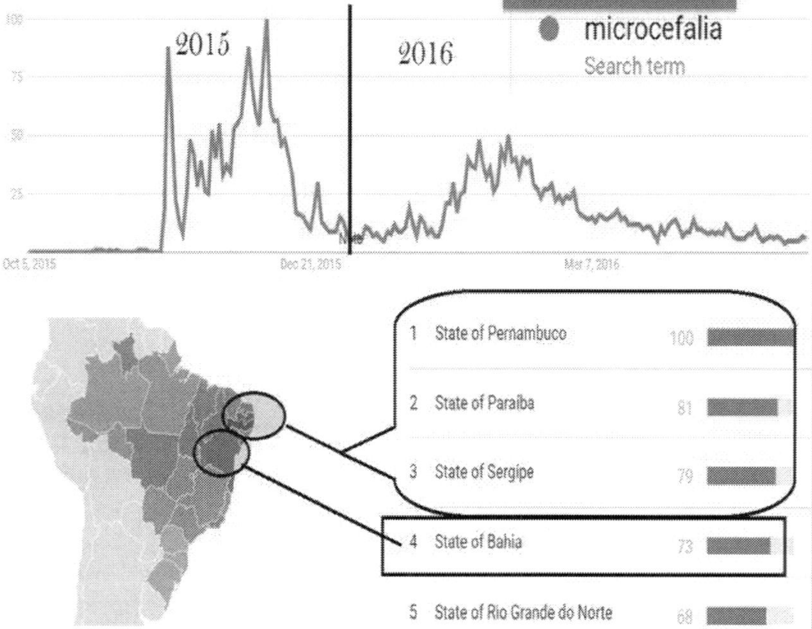

A enorme preponderância do interesse pela "microcefalia", 2015-2016, foi no Nordeste do Brasil, coincidindo com o pânico, a descoberta de casos e o potencial sobrediagnóstico. Taxas muito mais baixas, mesmo com a presença do Zika, em outros lugares.

16. Teste de Hipóteses: Quando os Resultados Falham as Crenças

"À medida que a noite segue o dia", outro ano eventualmente se desenrola. Depois dos horrores aparentes da microcefalia de 2015, esperavam-se mais, e piores, casos para 2016. Especialistas em saúde pública acreditavam que o Zika era duas vezes mais prevalente que anteriormente. As previsões foram feitas para uma segunda epidemia de microcefalia, embora não se esperava um tamanho quase duas vezes maior, devido às medidas anti mosquito de contrabalanço: drenagem de áreas pantanosas; pulverização de inseticida; remoção de lixo; ficar em casa, usando redes e aplicando repelente de insetos, especialmente durante a gravidez.

O que ninguém esperava era que a microcefalia essencialmente desaparecesse. Mas foi o que aconteceu.[148] Sem dúvida, a queda teve alguma ajuda dos critérios de microcefalia mais rígidos do Brasil, eliminando os limites normais superdiagnosticados no ano anterior - com uma coleta de dados mais precisa.

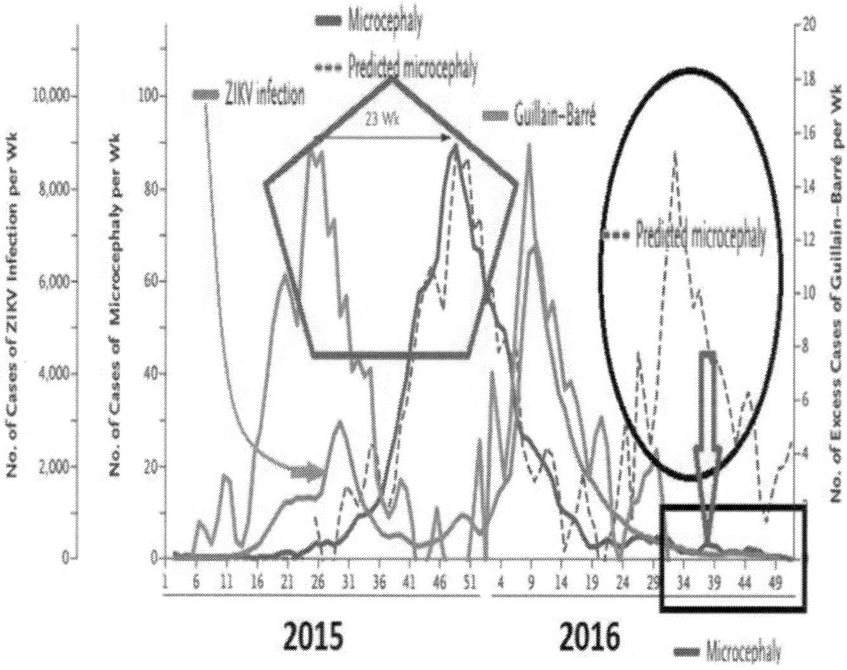

Em 2015, um intervalo de 23 semanas entre os casos de Zika/Guillain-Barré e o aumento relatado de microcefalia (Nordeste do Brasil). A segunda fase do Zika/Guillain-Barré trouxe previsões de grandes números de microcefalia, 2016 - mas o modelo falhou, sem aumento de microcefalia.

gráfico de "Zika Virus Infection and Associated Neurologic Disorders in Brazil" nejm.org 20 de abril de 2017

Mas outra coisa que ajudou a baixar os números? Bem... ***Que a hipótese do Zika / microcefalia estava errada em primeiro lugar!?*** E estatisticamente, não parece que o Zika e a microcefalia tenham algo a ver um com o outro. Naturalmente, considerando a natureza humana, essa não foi a conclusão a que se chegou. Teorias ainda mais inovadoras surgiram.

Antes de chegar a elas, vamos dar uma olhada em outro estudo retrospectivo sobre microcefalia, apresentado no final de 2017, por pesquisadores brasileiros com foco no "epicentro" de Zika / microcefalia da Dra. Vanessa van der Linden em Recife, um ano depois. As diferenças eram estas:

- Aconteceu na ausência de pânico.
- Não houve inundação de mães em pânico regionalmente convergindo para um ponto crítico de diagnóstico.
- Essas mães foram testadas para Zika (e também para dengue) em laboratório
- Mães de bebês microcefálicos foram comparadas a um grupo de controle
- Eles usaram um único padrão de microcefalia (embora fosse essencialmente o errado, não o gráfico Intergrowth da OMS, mais rígido em seus critérios; em vez disso, um padrão mais baixo de 2,5% de todos os bebês. Isso é um erro, mas pelo menos era consistente, ao contrário de 2015)
- Os resultados foram compilados e comparados antes de serem transmitidos
- Os pesquisadores reconheceram como é difícil *e potencialmente quase impossível* diferenciar o Zika da dengue:
    - "A confirmação laboratorial da infecção pelo ZIKV durante a gravidez é um desafio devido à reatividade cruzada com outros flavivírus, especialmente dengue. O teste de neutralização,

que é o padrão de ouro para discriminar esses vírus, é demorado, realizado em poucos laboratórios e não define o momento em que ocorreu a infecção".

Uma semelhança era que esses bebês com cabeça pequena nunca foram comparados e correlacionados com problemas reais de saúde, por exemplo, retardo mental, lembrando-nos que a pandemia original não estava totalmente associada à doença, mas sim a uma métrica de tamanho.

Entre esses dois grupos (de 89 mães de bebês microcefálicos e 173 mães de bebês de tamanho normal), não houve diferença real no que diz respeito à exposição ao Zika e dengue infecciosa.[149]

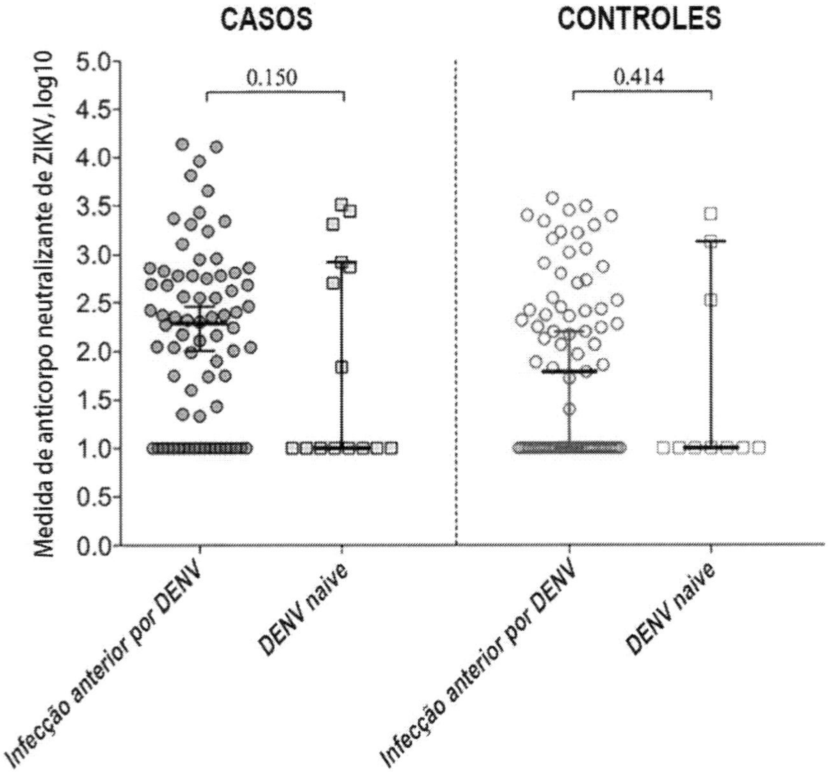

Títulos de NAbs específicos para ZIKV (log10) entre mães de acordo com a exposição anterior ao DENV, ou seja, a imunidade ao Zika se sobrepõe à dengue e vice-versa.

Apenas uma em 11 mães de cada grupo era totalmente virgem do ponto de vista imunológico para o gênero flavivírus (nunca tendo tido Zika ou dengue). As porcentagens de histórico restantes entre as mães para exposições combinadas ao Zika e dengue foram essencialmente as mesmas para os dois grupos. Menos de 10% haviam sido expostas ***apenas*** ao Zika e nunca à dengue, sem diferença nesse aspecto entre os dois grupos de mães.

Duas pequenas notas laterais:

- Este panorama e panóplia de múltiplas infecções por dengue misturadas com o Zika ocasional parece como que se o Zika tivesse assumido o controle da dengue em meio à população de mosquitos? Observe as linhas abaixo de "*Infecção por Flavivírus múltiplos*". Com base na amostra de mães após terem sido picadas por esses mesmos mosquitos, a resposta é *"não, na verdade, não"*.

- Há apenas um pequeno aumento na probabilidade de infecção por flavivírus nas mães dos microcefálicos. Isso pode não ter sentido ou pode implicar em mais outras causas geradas pela pobreza que combinam os dados.

Os resultados deste estudo negam essencialmente uma conexão Zika-microcefalia. Mas os pesquisadores o apresentam dessa forma? Eles expressaram ceticismo em relação à hipótese subjacente? "*Não*" e *"não"*; em vez disso, obtemos a resposta padrão (empurrando com a barriga), "*mais pesquisas precisam ser feitas*", etc.:

"Considerando a frequência relativamente baixa de marcadores de exposição recente ao ZIKV no parto, a triagem para o estado imunológico do ZIKV deve ser realizada no estágio inicial e durante a gravidez para monitorar a síndrome congênita do ZIKV em áreas endêmicas. Abordagens inovadoras de diagnóstico laboratorial para infecções por ZIKV e DENV são urgentemente necessárias para a orientação da prática clínica e para fins de saúde pública."

Aqui estão alguns outros casos de pessoas que investiram pesadamente, pessoal e financeiramente, ou apostando a reputação na hipótese de causalidade do Zika-microcefalia, não sendo capazes de "confessar" que talvez não fosse realmente o caso.

- Em 2017, Christopher Dye, da OMS, admitiu:

"Aparentemente, vimos muitos casos de vírus Zika em 2016. Mas não houve microcefalia. A diferença (entre 2015 e 2016) é espetacular.[150] Em primeiro lugar, as autoridades de saúde podem ter superestimado muito o número de casos de Zika no Brasil. Portanto, Chikungunya pode ser facilmente confundido com Zika." [ao que a National Public Radio (**NPR**), para seu crédito, responde alegremente: **"Mas a Chikungunya não causa microcefalia."**]

- A chefia do Departamento de Epidemiologia da Escola de Saúde Pública da Universidade de Yale, do Dr. Albert Ko, foi em uma direção diferente, suavemente repreendendo Dye:

"O diagnóstico incorreto é uma hipótese razoável. Mas não está claro se essa explicação explica toda a história. O Zika pode não estar funcionando sozinho. Talvez outra infecção se combine com o Zika para piorar a doença e aumentar o risco de defeitos congênitos. Mas muitos grupos estão preocupados com a exposição à dengue no Brasil. Portanto, outra hipótese é que a exposição prévia à dengue pode realmente aumentar ou promover o risco de defeitos congênitos do Zika."

Ko em 2017 começou a trabalhar em estudos epidemiológicos no Nordeste do Brasil para ver se era esse o caso - presumivelmente tendo recebido recursos para esse fim e presumivelmente não tendo a teoria desenvolvida (do contrário já teríamos ouvido falar dela).

Os dados de microcefalia de Recife em 2016 aqui apresentados parecem refutar sua teoria: a frequência da dengue é basicamente a mesma em mães de bebês normais e em mães de microcefálicos. De qualquer forma, a **NPR** conclui em seu artigo: *"Se a teoria da dengue (do Dr. Albert Ko) for verdadeira,* ***isso pode significar que a ameaça global do Zika para mulheres grávidas é menos terrível do que os cientistas pensaram originalmente***".

Na medida em que o tópico é revisitado ocasionalmente na imprensa popular, é para manter o medo, não para dar alívio às pessoas, embora a teoria original do Zika-microcefalia agora pareça uma conjectura mais selvagem do que a ciência real. A

NPR seguiu essa dica esperançosa em algum momento posterior, nesses anos subsequentes de silêncio sobre o Zika, para sugerir o fim da ameaça do Zika para as mulheres grávidas? "*Não*", e o The New York Times (**NYT**) também não, escrevendo em 2019:

- "O Brasil continua vulnerável"
- "O próximo surto não é uma questão de se, mas de quando" (!) - Dr. Ernesto Marques
- "O **Zika saiu completamente do radar, mas** a falta de atenção da mídia não significa que ele desapareceu. De certa forma, **a situação é** um pouco **mais perigosa** porque as pessoas não estão cientes disso." - Dra. Karin Nielson

A maioria desses especialistas está "meio certa" no sentido de que o Zika é de fato "uma ameaça menos terrível", mas eles estão "meio errados" por este motivo mais importante: de que pode nunca ter sido uma ameaça em primeiro lugar, já que:

- Nunca foi diagnosticado em 2015 em um único indivíduo, grávida ou não.
- Foi confundido com dengue pré-existente no campo, na clínica e no laboratório
- Se existiu (ou existe) no Brasil é provavelmente um subconjunto da dengue
- Nenhum dos quais causa microcefalia (demonstravelmente comprovado a respeito da dengue, já que existe há muito mais tempo)
- Dado que todos os critérios foram padronizados no Brasil e os médicos submetidos a um exame mais minucioso para a coleta de dados, a microcefalia mostrou-se em

níveis de fundo "normais": mínimo e não pandêmico em 2016, ou mesmo no ano "pandêmico" anterior

Na lógica, um erro do tipo II (falso-negativo) ocorre se um investigador não consegue rejeitar uma hipótese nula que é realmente falsa na população. Pode ser que estejamos vendo um bom número deles, ainda, no caso do Zika.

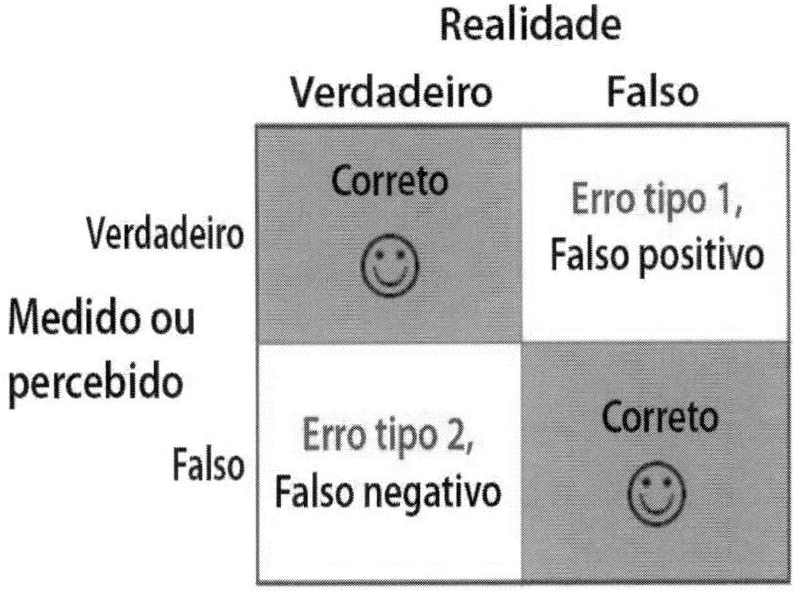

Portanto, a previsão central da teoria de uma epidemia de Zika não deu certo. Pouco depois, o Zika desapareceu da consciência (inter)nacional. A dengue continua sendo um problema no Brasil. Mais recentemente, a COVID-19 devastou o país. Ninguém fala sobre o Zika ou o pânico que causou.

Nada disso visa minimizar o sofrimento dos pais de crianças nascidas com microcefalia. A microcefalia é uma tragédia, independentemente de sua causa. No entanto, se nós, como sociedade global, vamos lidar com vírus, e as epidemias e pandemias que eles têm o potencial de gerar, devemos aprender a fazê-lo de forma construtiva. Não podemos combater futuras pandemias desviando recursos financeiros e de pesquisa escassos para problemas que não existem de fato. Nosso conhecimento dos vírus e seus efeitos nas populações humanas deve ser baseado em fatos científicos, não no sensacionalismo da mídia. Se realmente houve uma epidemia de microcefalia causada pelo Zika no Brasil em 2016, deixe a ciência mostrar isso. O consenso atual sobre o assunto carece de respaldo científico adequado.

Em resumo, um Zika anteriormente completamente desconhecido, e patologicamente benigno, nunca foi realmente medido em um único paciente no momento em que foi teorizado e anunciado como existente no Brasil (pela primeira vez) - embora indistinguível de seu primo biológico: a febre da dengue localmente endêmica de longa data. Separadamente, os pronunciamentos de microcefalia de Recife baseavam-se em padrões incorretamente modelados, engrandecendo um conjunto infeliz de nascimentos que nunca foram provados ou estatisticamente documentados, para representar um aumento real em relação à linha de base perene e esporádica, uma ocorrência aleatória. Essas duas ocorrências individualmente não verificadas, não verificáveis e não relacionadas (Zika e microcefalia) foram improvavelmente reunidas como uma causadora da outra. Em seguida, as portas da mídia se abriram, trazendo para o espectador um efeito de mais casos sendo anunciados sob o pânico de duas epidemias simultâneas.

Demorou algum tempo, retroativa e retrospectivamente, para reunir a documentação de que cada suporte sobre a qual a conexão Zika-microcefalia (não) se apoiava não havia sido construído de maneira sólida. O fato de ter permanecido em pé por tanto tempo implica que foi sustentado externamente - enquanto financiado perpetuamente.

17. Nunca Deixe Uma Crise Ser Desperdiçada

"Você nunca deixa uma crise séria ser desperdiçada. E o que quero dizer com isso é uma oportunidade de fazer coisas que você acha que não poderia fazer antes." - Rahm Emanuel, 2008 [151]

Seus Corpos, Nossa Escolha; A Chave do Zika Para Desbloquear O Aborto.

Para muitos, o Zika apresentou essa oportunidade de corrigir erros percebidos. O Brasil, como qualquer outro país, tem suas divisões internas, rivalidades, ciúmes - e facções de geografia, classe, raça e educação. O fenômeno Zika-microcefalia incorporou uma alavanca pela qual os pobres do Nordeste do Brasil poderiam ganhar a atenção e finanças do trio central do Brasil formado pelo Rio de Janeiro, São Paulo e Brasília. Os ativistas alinharam os infortúnios da gravidez do Zika com seus desejos de desfazer as restrições ao aborto no Brasil católico - primeiro temporariamente, depois permanentemente.

The Guardian	THE WALL STREET JOURNAL
Emergência do zika leva mulheres a contestar a lei de aborto no Brasil	**Procuradoria-Geral do Brasil pede ao Tribunal Superior que permita abortos para Mulheres com Zika**
Grupos de mulheres devem contestar a lei na esperança de possibilitar o aborto para mulheres em risco de dar à luz um bebê nascido com defeitos relacionados ao zika	O pedido gerou objeções neste país socialmente conservador
19 de julho de 2016	**8 de setembro de 2016**

"Os temores sobre o vírus Zika estão nos dando uma rara oportunidade para desafiar os fundamentalistas religiosos que colocam a vida de milhares de mulheres em risco no Brasil a cada ano para manter as leis pertencentes à idade das trevas." - Silvia Camurça, diretora do SOS Corpo, grupo feminista de Recife[152]

O Instituto Anis entrou com demandas semelhantes ao Supremo Tribunal Federal do Brasil, incorporando a divisão de classe e raça na argumentação pró-aborto:

"A epidemia (Zika) reflete a desigualdade social da sociedade brasileira, concentrada entre mulheres jovens, pobres, negras e pardas. Elas vivem em moradias superlotadas e precárias em bairros... com maior probabilidade de contrair Zika. O governo deve finalmente dar às mulheres... um aborto seguro e legal." - Debora Diniz, advogada, antropóloga, Instituto Anis[153]

Quando o juiz brasileiro Jesseir Coelho de Alcântara declarou publicamente que o aborto deveria ser permitido em casos de microcefalia, ativistas locais foram lembrados da Lei do Aborto Terapêutico da Califórnia de 1967 - que trouxe alguns dos primeiros abortos legais nos Estados Unidos - para evitar (antes da existência da vacina) defeitos congênitos da rubéola (que ocorreu com frequência pelo menos uma ordem de magnitude maior do que as conjecturas de pior caso em relação ao Zika).[154]

242 THE HASTINGS LAW JOURNAL novembro de 1967]

A LEI DE ABORTO TERAPÊUTICO DA CALIFÓRNIA: UMA ANÁLISE

A permissão de abortos por motivos eugênicos constitui o motivo mais controverso para interromper uma gravidez, porque um aborto por esses motivos envolve um certo grau de especulação médica se a criança ou não nascerá com defeito. No entanto, certas condições que ocorrem durante a gravidez são conhecidas por causar uma porcentagem relativamente alta de defeitos congênitos graves. Exemplos de tais condições são:
(1) **doença da mãe durante a gravidez, como rubéola;**
(2) drogas nocivas tomadas pela mãe durante a gravidez, como a talidomida;
(3) irradiação para a região pélvica antes da descoberta da gravidez; e
(4) evidência de defeitos genéticos graves.
O risco de que qualquer criança nasça com defeitos graves como resultado desses fatores varia entre 20 e 60 por cento

O apoio foi oferecido em círculos acadêmicos, como aqui (de forma um tanto macabra), pela Profa. Caitlin Killian, colocando os supostos bebês microcefálicos para uso social:

"O **lado positivo do Zika** pode ser que uma doença se torne um catalisador para a mudança social, levando os governos a reavaliar as políticas, neste caso as leis de direitos reprodutivos."[155]

A Yale Global Health Review avaliou:

"Para os milhões de mulheres afetadas pelo Zika na América Latina, a educação em saúde reprodutiva e o apoio abrangente são essenciais para ajudá-las a escapar da pobreza, a realizar seus direitos e a viver com dignidade. Esta não é apenas uma luta pela saúde pública, mas também pelos direitos das mulheres e justiça social."[156]

O Brasil foi visto como "Marco Zero" na batalha para derrubar não apenas os seus próprios estatutos de proibição do aborto, mas os de países católicos tropicais potencialmente afetados pelo Zika.[157]

O cronista do Zika, Donald McNeil do **NYT**, cobriu os apelos das nações latino-americanas por uma **"política de zero filhos"** que excedia em severidade a que Mao havia concebido (sem trocadilhos). Ao revisar seu livro, a escritora científica Laurie Garrett (em outros aspectos, sua aliada política, totalmente alinhada com sua narrativa que *mudança climática traz "ameaças emergentes" de vírus*)[158] considera as simpatias do Sr. McNeil por esta postura *"enervante":*

"Sr. McNeil defende um plano universal de prevenção da gravidez para países afetados pelo Zika e denuncia virtualmente toda simpatia pelas mulheres que enfrentam decisões de planejamento familiar como (uma versão do) feminismo 'paternalista'."[159]

A Sra. Garrett pode ter ido longe demais com essa crítica. O sr. McNeil - simplesmente por não tolerar que certas feministas deem às mulheres latino-americanas uma chance nas decisões de parto, por exemplo, "*O Vírus Zika e a Hipocrisia de Dizer às Mulheres para Atrasar a Gravidez*"[160] - ainda não está se tornando totalmente maoísta em relação à gravidez. Ele está sugerindo que os casais latino-americanos tenham mais arbítrio nessas escolhas por meio do controle de natalidade disponível e do tipo de atividade sexual. Mas não se engane, McNeil quer uma moratória infantil:

"Quando eu ouvi isso, comecei a pensar. As mulheres precisavam evitar a gravidez de alguma forma. Porque claramente nada mais salvaria seus bebês."

Às vezes, as pessoas estão certas pelos motivos errados, mas parece que todas as partes nesta discussão estão erradas pelos motivos errados, alguns dos quais envolvem não investigar ou avaliar as improbabilidades da teoria da microcefalia do Zika para começo de conversa. ***Desconstruindo o Zika*** propõe que interromper o parto não é a maneira adequada para as famílias ***"salvarem seus bebês"***.

A doença de Tay-Sachs pode ser uma lente razoável para examinar esse problema. Os bebês que nascem com esse problema geralmente não vivem mais de quatro anos e têm retardo mental grave e problemas neurológicos. Entre os judeus Ashkenazi, isso representou, por gerações, um em cada 3.000 nascimentos. Só recentemente houve alguns testes genéticos para determinar quais famílias e bebês serão afetados. Ao longo de toda a história, até este momento tecnológico muito recente, todos os judeus Ashkenazi deveriam ter evitado todos os partos para ***"salvar seus bebês"***? Isso soa como uma abordagem da vida bastante sombria e autodestrutiva.

Ou vamos dar um passo dolorosamente triste à frente. Com os nazistas no poder na década de 1930, esses mesmos judeus (na Europa) deveriam ter parado totalmente de ter filhos? A taxa de mortalidade dessas crianças, quase totalmente normal, era de talvez 80%. A resposta certa em ambos os casos não é parar de viver, mas descobrir uma maneira de combater o problema. No caso de Tay-Sachs, é aconselhamento genético, teste cromossômico; para o nazismo é lutar ou fugir; para microcefalia, seria teste de Zika e monitoramento fetal.

Isso sublinha ainda mais essencialmente a "má prática" científica e jornalística que ocorreu com a histeria e o exagero da pandemia de Zika-microcefalia. As pessoas foram forçadas a tomar decisões que alteram suas vidas com base em afirmações que não foram verificadas em quase todos os aspectos. Até mesmo a síndrome de "microcefalia" em si englobava uma grande variedade de diferentes tipos de síndromes, como é óbvio em retrospecto, já que o número de casos alegados encolheu para apenas alguns por cento do número original, quando considerados reais.

O argumento e a urgência de Donald McNeil para nenhum parto latino-americano durante esse período se baseiam em evitar trazer à existência (potencialmente) algumas centenas de bebês microcefálicos "extras" (muitos com retardo mental). É correto, porém, tentar fazer esse "***salvamento***" às custas de perder potencialmente centenas de milhares de crianças completamente não afetadas - aquelas que nunca terão a chance de viver? Essas questões analisadas como "saúde pública", envolvem também ética, moralidade, religião, valores e família. A Igreja Católica recebe uma quantidade razoável de desprezo no trabalho de McNeil, e de seus adversários também - mas provavelmente é justo dizer que a Igreja tem mais experiência em religião e negócios de valores do que especialistas que usam dados duvidosos para contornar as discussões morais.

Líderes de torcida para Zika

Quando, invariavelmente, não foi realizado o suficiente para retificar os males sociais aparentes durante o estado de emergência de 10 meses do Zika no Brasil, alguns grupos lamentaram seu fim. Em 2017, a Human Rights Watch lançou esta bomba:

"O Brasil não abordou problemas de direitos humanos de longa data que permitiram a escalada do surto de Zika, deixando a

população vulnerável a surtos futuros e outros riscos graves para a saúde pública."[161]

Desde então, não houve mais surtos, nem desculpas.

Esses movimentos e sensibilidades por si só podem explicar a rápida elevação da mídia do que, de outra forma, seria um leve aumento não comprovado em uma síndrome de microcefalia ainda muito rara; no entanto, havia um aspecto adicional de "animação de torcida": torcer pro "mocinho". Exceto quando você precisa de um de seus produtos, ninguém gosta das grandes corporações, "*Big Oil*", "*Big Pharma*", "*Big Banks*", "*Big Business*"[162] - e potencialmente no Brasil, em 2015, "*Big Medicine*", a aglomeração de instituições médicas e de pesquisa influenciadas pelo governo.

A imprensa colaborou para evitar a crítica acadêmica cética que poderia ter ocorrido se feita na ordem adequada. Em vez disso, a história do Zika-microcefalia "saltou na frente":

"Anúncios importantes foram feitos aos jornalistas antes que publicações revisadas por pares pudessem avaliar as alegações, visto que os endossantes da conexão Zika-microcefalia tinham uma sensação urgente de que o público precisava das informações sem demora e que suas descobertas científicas não seriam levadas a sério de outra forma." - Meg Stalcup, professora de antropologia, Ottawa[163]

Os "mocinhos" (como os Drs. Kleber Luz e Carlos Brito) encheram os olhos dos jornalistas.

"Os médicos do nordeste politicamente marginalizado e pobre identificaram a infecção circulante como Zika por sua apresentação clínica. Embora a competição científica seja normal, e alguns especialistas nordestinos tenham se tornado amplamente reconhecidos... os médicos locais resolveram esse mistério de forma colaborativa." - Meg Stalcup, (ibid.)[164]

Ao longo dessa divisão populista, a ciência real fica um tanto para trás. Basicamente, há uma torcida ou aplauso para os "mocinhos", esses médicos de atenção primária no campo, vencendo os pesquisadores acadêmicos em instituições maiores. Existem outras dualidades em que o "vencedor" se alinha com causas modernas, de identidade política progressiva (mulheres vs. homens, pobres vs. ricos, Norte vs. Sul, oprimidos vs. privilegiados, espiritualistas vs. acadêmicos, intuição vs. método científico, declarações preventivas vs. deliberação, aborto vs. a igreja).[165]

E isso é apenas o conjunto da dinâmica política interna do Brasil - que pode ter fornecido o pavio, mas o fósforo foi aceso externamente, principalmente através do New York Times (admitidamente) repetidamente levando a história diretamente para as páginas mais vistas da web ou de papel.[166] Esse padrão começou com o artigo de dezembro de 2015 do repórter deles no Rio de Janeiro, Simon Romero, "*Alarme se Espalha no Brasil Por Causa de um Vírus e um Surto em Bebês Malformados*"[167] sendo similarmente elevado das últimas páginas para "notícias de primeira página".

The New York Times

Alarme se espalha no Brasil sobre um vírus e um surto de bebês malformados

Por Simon Romero
30 de dezembro de 2015

SÃO PAULO, Brasil - Um vírus pouco conhecido espalhado por mosquitos está causando uma das crises de saúde mais alarmantes do Brasil em décadas, as autoridades aqui alertam: milhares de casos de danos cerebrais, nos quais bebês nascem com cabeças extraordinariamente pequenas.

"A história de Simon estava no site do Times em 30 de dezembro e na primeira página no dia seguinte. ***A partir desse ponto, o Times estava levando a história adiante.*** *Escrevemos sobre isso com frequência, e as histórias* ***muitas vezes estavam na primeira página*** *e exibido com destaque no site e na plataforma móvel."*

A epidemia de zika, 2016, Donald McNeil

t

Nesse primeiro artigo principal, de dezembro de 2015,[168] havia duas vozes céticas:

- "Por que isso pode ter acontecido no Brasil e não em outros lugares é difícil de responder nesta fase" - virologista Alain Kohl
- "*O vírus Zika não nos preocupa. É uma doença benigna*" - Ministro da Saúde do Brasil, Dr. Arthur Chioro

Mas em breve, este ministro, visto (através desta citação) como "desdenhoso", foi ele próprio demitido. Chega de ceticismo. O Brasil quase entrou em pânico; e a presidente Rousseff viu "pegar pesado com a doença" como uma oportunidade de reivindicação política para evitar o impeachment.

Em poucos dias, o antigo repórter científico do **NYT**, Donald McNeil assinou embaixo.[169] Profissionalmente ciente das sensibilidades de seu público, o Sr. McNeil explorou os medos dos leitores: alinhando a doença misteriosa, Zika, com suas preocupações pré-existentes de "mudança climática". Ele não se concentrou no problema do Brasil, mas na ameaça aos americanos: agregando o Zika e outras "*doenças transmitidas por insetos assustadores*" (doença de Lyme, Nilo Ocidental, Chagas, dengue, Chikungunya);[170] anunciando sua chegada a Porto Rico; e alegando "*fatores na nova propagação são, por enquanto,* ***imparáveis***"(!)[171]

SAÚDE GLOBAL

EUA se tornam mais vulneráveis a doenças tropicais como o zika

Por Donald G. McNeil Jr. 4 de janeiro de 2016

Doenas tropicais - algumas delas nunca antes vistas nos Estados Unidos – esto marchando para o norte medida que as mudanas climticas permitem que mosquitos e carrapatos expandam seus alcances.

Caramba, estamos condenados!

O Sr. McNeil ofereceu alta visibilidade aos funcionários do CDC para pressionar que eles declarassem um alerta de viagem de emergência, o mais cedo possível. Isso pareceu funcionar.

"De (30 de dezembro) em diante, o Times estava impulsionando a história. Escrevíamos sobre isso com frequência, e as histórias muitas vezes estavam na primeira página (ou) exibidas com destaque. Fiquei perguntando a Tom Skinner por que o CDC não estava emitindo um alerta de viagem. A agência não tinha uma operação de combate à dengue em Porto Rico? Agora (o vírus) estava na linha de frente. Posso falar com o chefe da agência?"

É claro que os vírus não têm gênero, classe, raça ou política. Se há um mecanismo tóxico, *no útero*, causando deformidade congênita - isso também não tem nenhum traço de identidade política. Não é inteiramente impossível que nossa aplicação humana dos "vencedores" e "perdedores" desejados nesta corrida clínica (Zika ou microcefalia) ajudou a turvar a visão da situação médica / diagnóstica real. Além disso, as instituições de pesquisa existem como instituições porque o "certo" ou "errado" de uma circunstância científica específica não tem (ou deveria ter) nada a ver com o populismo por trás dos investigadores, inventores ou vetores.

Os esforços do New York Times e de outros meios de comunicação foram bem-sucedidos. As pesquisas sobre "*Zika*" excederam as feitas para "*Hillary Clinton*" - mesmo em seu momento crucial no ciclo de eleições presidenciais.

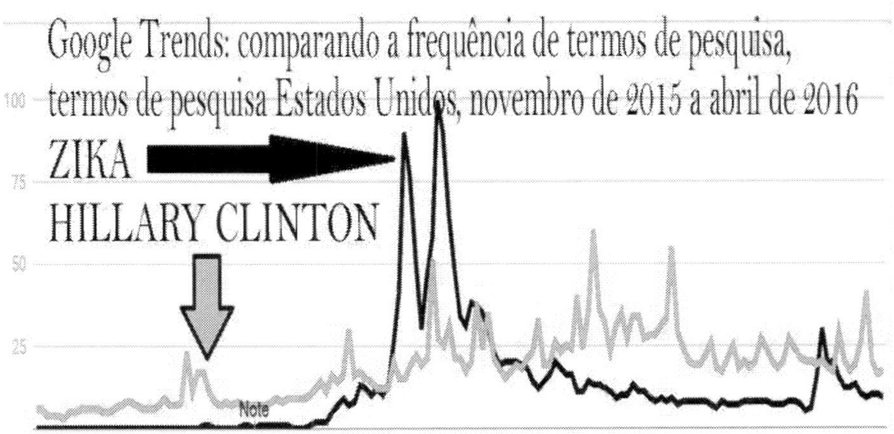

A doença, em um continente inteiro de distância dos EUA, estava em seu ápice de interesse. Se esse interesse foi validado é outra história – mas se traduziu em um gasto de US$ 1 bilhão pelo Congresso dos EUA,[172] nove meses depois – a razão do atraso foi o debate no Congresso sobre (você já deve ter adivinhado) o aborto. A questão da controvérsia era se uma despesa com o Zika incluiria abortos pagos pelo governo, por meio da agência Planned Parenthood.

Chicago Tribune

Congresso permite que a política do aborto atrapalhe a luta contra o Zika

Comentário, 5 de julho de 2016

Por Arthur Caplan e Kelly McBride Folkers

18. Abundam as Teorias do Desaparecimento do Zika

A PRESENÇA de uma AUSÊNCIA

Os humanos (compreensivelmente) se concentram e focalizam durante emergências. Suas ações são forçadas, frenéticas e talvez um tanto mal concebidas, mas aceitas pela desvantagem potencial de fazer muito pouco. Erramos com razão de ser cautelosos. Mas DEPOIS de realizar o expediente rápido, alguma vez fazemos o trabalho talvez um pouco menos empolgante de olhar para trás e avaliar se nossas precauções foram necessárias?

No início do livro, mencionamos a natureza fixa dos humanos (que apenas segue em frente, sem nunca dar uma guinada ou reviravolta). Navios de cruzeiro e trens têm problemas semelhantes: o caminho linear é o mais conveniente; as inversões de marcha podem ser complicadas ou impossíveis. O início de um pivô de um pesquisador-investigador requer certas liberdades e uma mentalidade talvez em falta em uma profissão acadêmica cujo oxigênio é o financiamento contínuo - que se baseia na garantia do conjunto anterior de resultados e na novidade para o próximo. O consenso irrita muito menos do que desafiar a narrativa prevalecente, especialmente aquela que contribui para os salários dos seus colegas.

Também se exige uma visão particular de um investigador para ver algo que os outros não veem ou não conseguem ver. O personagem fictício investigador de crime Sherlock Holmes resolveu, de maneira famosa e carinhosa, um mistério ao essencialmente detectar a ***PRESENÇA*** de uma ***AUSÊNCIA***, notando (onde ninguém mais tinha) *"o cachorro que não latiu durante a noite"*:[173]

Gregory (detetive da Scotland Yard): Há algum outro ponto para o qual você gostaria de chamar minha atenção?

Holmes: Ao curioso incidente do cachorro à noite.

Gregory: O cachorro não fez **nada** durante a noite.

Holmes: **Esse** foi o curioso incidente (!)*

* (o cachorro estava quieto por causa de sua familiaridade com o ladrão)

Maria Konnikova escreve (de uma forma parecida): "preste atenção ao que não está lá, não apenas ao que está".

"(O cachorro de Holmes) optou ativamente por não latir. O resultado das duas linhas de raciocínio é idêntico: um cachorro silencioso. Mas as implicações são diametralmente opostas: não fazer nada passivamente ou fazer algo ativamente. As não escolhas também são escolhas.

Veja o conhecido efeito padrão: na maioria das vezes, nos limitamos às opções padrão e não gastamos energia para mudar, mesmo que outra opção seja de fato melhor para nós. É simplesmente mais fácil não fazer nada. Mas isso não significa que realmente não fizemos nada. Nós o fizemos. Escolhemos, de certa forma, permanecer em silêncio."[174]

Podemos deduzir e derivar algo semelhante após a epidemia de Zika em 2016? Do ponto de vista de um 2019 muito mais silencioso (alguns anos atrás) com ausência de Zika e sem pandemia de microcefalia (ou de Covid), o fantasma de Sherlock Holmes me fez pensar:

- O Zika tinha realmente sido tudo o que se dizia ter sido?
- Para onde foi?

- O que dizer das previsões não realizadas de milhões de bebês microcefálicos?
- Por que ninguém clama por um reexame, retratação ou reformulação?

Essas perguntas iniciais foram seguidas por outras:

- Como surgiram as teorias e de quais hipóteses?
- Eles foram validados por instituições científicas e de pesquisa antes de serem publicados?

O fracasso completo (*felizmente!*) de qualquer uma das previsões terríveis das teorias se realizar deve certamente forçar os cientistas a reconsiderar os eventos e apresentar possibilidades alternativas, incluindo potencialmente que a teoria original estava errada em certos aspectos. Correto? Bem, na verdade, não.

O Estado Atual da Pesquisa do Zika

Apesar de bilhões de dólares de pesquisa gastos e milhares de artigos investigativos criados no campo de pesquisa do Zika instantaneamente ocupado, todos os conceitos originais da conexão Zika-microcefalia parecem bastante intactos e incontestáveis na comunidade científica.[175]

O ***Desconstruindo o Zika*** selecionou os "40" principais estudos de microcefalia sobre Zika dos últimos dois anos e meio (classificados por relevância, de acordo com o Google Scholar; link aqui). As mentes pesquisadoras são completas e meticulosas, e os tópicos e métodos variam. Zika-microcefalia ainda parece ser um empreendimento de pesquisa relativamente próspero. Aqui estão algumas categorias gerais (de 2019 ao presente):

- Pesquisa do mecanismo ou agente ativo do Zika que causa defeitos congênitos;
- Tentativa de encontrar outras síndromes congênitas potencialmente causadas pelo Zika;
- Curiosidade sobre quaisquer cofatores adicionais, outras doenças que podem ter trazido a maior concentração de microcefalia no Nordeste do Brasil (2015) quase exclusivamente;
- Tentar duplicar o efeito presumido do Zika, mas em camundongos ou outros animais;
- Olhar para outras anormalidades que podem coincidir com a microcefalia;
- Observar o neurodesenvolvimento posterior na coorte afetada de crianças microcefálicas;
- Advertir contra qualquer relaxamento na busca pela "próxima epidemia de Zika-microcefalia", especialmente na ausência de qualquer outra epidemia;
- Avaliações de dados anteriores, para descobrir correlações.

Aqui, novamente, podemos notar a "presença de uma ausência", não há desafios para a teoria subjacente do Zika-microcefalia, vários anos após o desaparecimento completo dos aumentos de microcefalia relacionados ao Zika, em todo o mundo e, em particular, na "cena do crime" no Brasil.

OBJEÇÃO: "Meritíssimo, a questão pressupõe fatos não evidentes."

O mais interessante de todos os estudos recentes de Zika-microcefalia é a análise retrospectiva do Dr. Oliver Brady de mais de 4 milhões de nascimentos no Brasil entre 2015 e 2017.[176] Este estudo ambicioso foi organizado para chegar a um acordo sobre o desaparecimento de Zika-microcefalia pós "pandemia" ("a presença de uma ausência", como diria ***Desconstruindo o Zika***); no entanto, todo o projeto estava, em certo sentido, condenado a falhar desde o início, aceitando como fato as premissas não comprovadas de 2015:

- "índices acima da média de microcefalia de malformação congênita no Nordeste do Brasil",
- "a primeira introdução do Zika nas Américas", e
- "evidências da associação entre a infecção pelo vírus Zika na gravidez e a microcefalia".

Os pesquisadores apontam:

"Taxas consideravelmente mais baixas de microcefalia foram posteriormente observadas em outras partes do Brasil e em outras áreas para as quais o Zika subsequentemente se espalhou. Isso levou a sugestões de causas alternativas ou cofatores presentes no Nordeste do Brasil, e incerteza sobre a magnitude do risco que as mulheres infectadas com Zika durante a gravidez enfrentavam."

Com base nessa ampla retrospectiva de dados de 4 milhões de nascimentos, eles não encontraram nenhuma "causa alternativa não relacionada ao Zika para o surto de microcefalia", incluindo infecção por dengue ou vacinação anterior contra febre amarela. O que eles encontraram foi a confirmação das suposições originais, de que havia mais "microcefalia por Zika" essencialmente apenas nas áreas específicas que alegavam microcefalia por Zika. Se isso parece circular, é porque de fato é. Parcialmente, os pesquisadores reconhecem isso:

"**Nossa análise foi limitada pela falta de dados antes do estabelecimento da vigilância nacional do Zika**, e suas descobertas podem ser afetadas por causas de confusão não medidas da microcefalia... A descoberta de nenhuma causa alternativa para diferenças geográficas na taxa de microcefalia nos leva a hipotetizar que a região Nordeste foi afetada de forma desproporcional por este surto de Zika."

O crédito deve ser dado pela natureza abrangente do estudo. Para este próximo diagrama, cada caixa de formato diferente documenta o fluxo de dados e a análise.

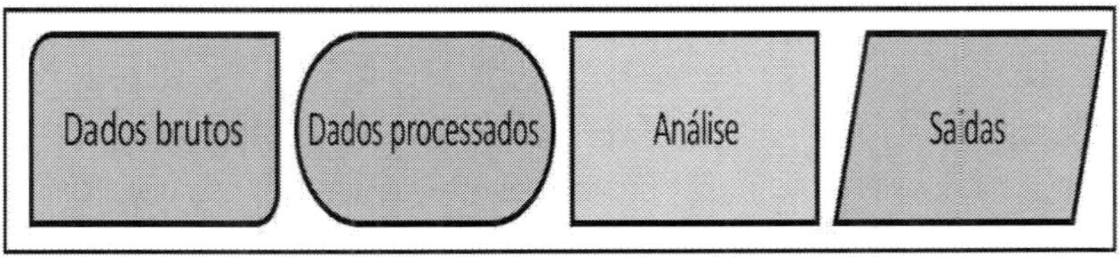

No centro do diagrama estão os números totais de nascimento peneirados para discernir os casos de microcefalia com defeitos cerebrais estruturais (MWSD) em cada categoria. Existem diferentes níveis de exposição e, naturalmente, sempre há alguma microcefalia de base. Notavelmente, de milhões de gestações com níveis variados de exposição, existem apenas alguns milhares de casos de microcefalia ao longo de 2015, 2016, 2017; precisamente os anos em que se presume que a população do Brasil tenha sido exposta ao Zika ao máximo.

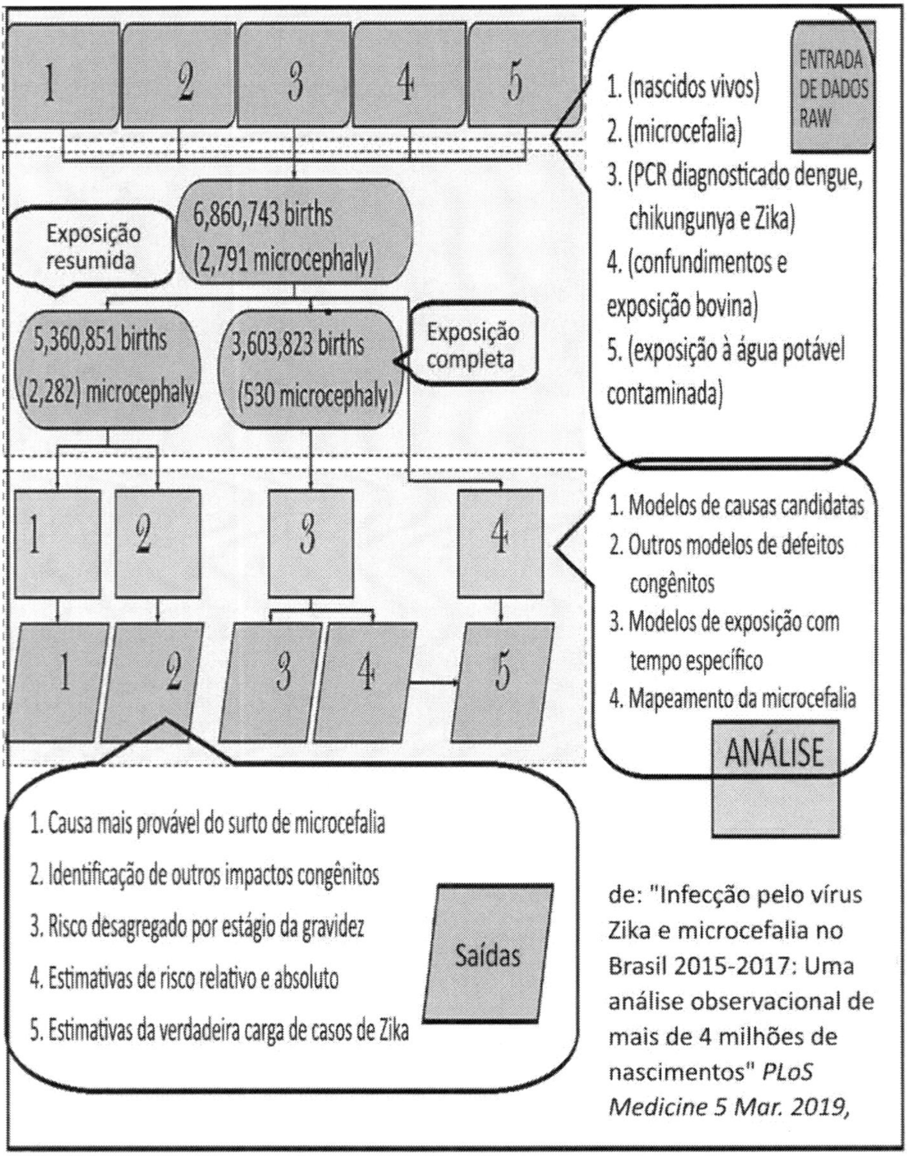

A conclusão do Dr. Brady basicamente é que (se de fato o Zika trouxe microcefalia) aconteceu "SOMENTE" no Nordeste do

Brasil – embora não seja tão claramente declarado. De alguma forma, a proximidade geográfica de Recife trouxe a microcefalia em maior número do que em outros lugares onde havia exposição semelhante ao Zika-vírus e Aedes aegypti.

O próximo mapa fornece uma grande visão sobre, talvez, a verdadeira "epidemia". O maior risco de microcefalia ocorreu em áreas urbanas no Nordeste, ligeiramente relacionado mas não totalmente coincidente com os incidentes gerais de Zika ou casos de Zika reivindicados.

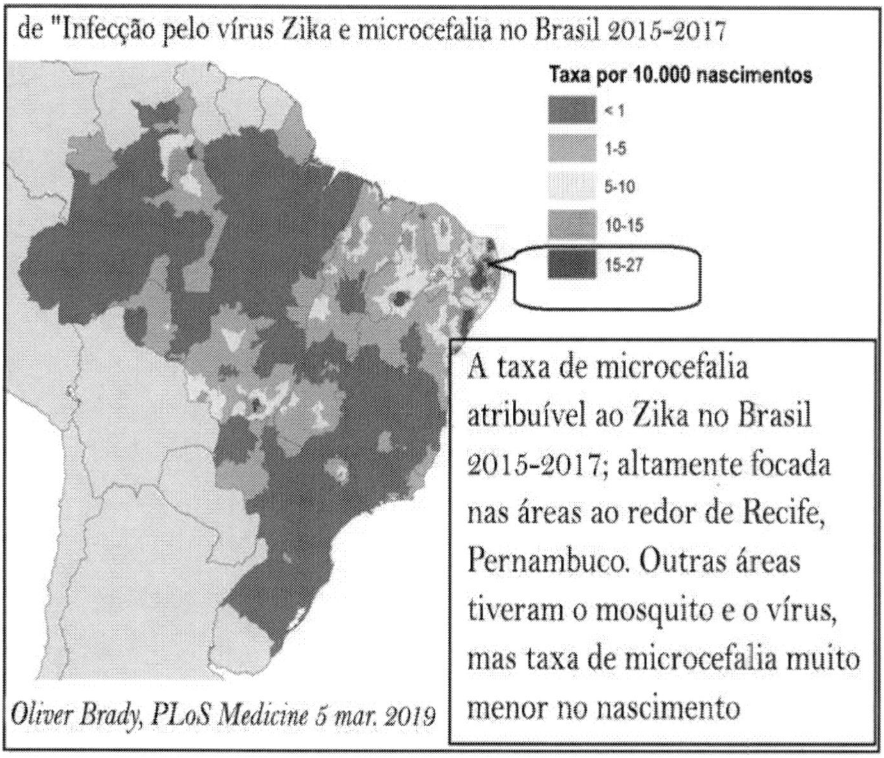

O ***Desconstruindo o Zika*** concorda que "a região Nordeste foi desproporcionalmente afetada" - mas essencialmente, e apenas, como eco reverberação de um conjunto não comprovado de alegações originais: 1. A existência do Zika, 2. Aumento da microcefalia, e então 3. O Zika como causa de microcefalia. O pânico trouxe a histeria, a histeria trouxe um número enormemente elevado de reclamações - tudo contra um pano de fundo de várias métricas diferentes de medição do perímetro cefálico e ZERO registro federal ou local pré-existente de dados de microcefalia.

O ***Desconstruindo o Zika*** pediria (respeitosamente) aos autores que revissem as informações deste livro e talvez fizessem novamente as mesmas perguntas. Além disso, perguntaríamos sobre a caixa do fluxograma: "**Histórico de exposição completo**" - como os casos de 2015 poderiam ser incluídos sem que eles mesmos tivessem sido testados por PCR em tempo real para Zika.

"Sim! É isso mesmo!"

Não apenas o Dr. Oliver Brady, mas o questionamento de todos os autores de pesquisas anteriores por que o Zika não produziu microcefalia em outro lugar (ou mais tarde no Brasil) foi respondido apenas reforçando (ou insistindo; nunca duvidando) as premissas originais. Invariavelmente, isso resulta na necessidade de aplicar lógicas retroativas especiais (e improváveis). Aqui estão alguns exemplos:

- Em 2020, o Dr. Louis Lambrechts do Institut Pasteur notou que "o *Zika nunca causou um grande surto humano na África (continental)*".[177] Ele começou a observar o vetor, o mosquito Aedes aegypti, descobrindo que "*nem todos os* Aedes aegypti *são iguais*" e que os tipos latino-americanos e asiáticos que abrigam o Zika são mais ávidos por picar humanos.

A. Mesmo que o Aedes aegypti do Brasil tenha vindo da África no comércio de escravos.
B. Apenas o Brasil tinha microcefalia. E não na vizinha Colômbia, ou outras partes da América Latina com presumivelmente o mesmo mosquito.
C. Em 2018 no Rajastão, Índia, tinha Zika sem microcefalia.

- Em 2017, autores de alto escalão do ***Ministério da Saúde*** do Brasil - e da ***OMS*** - sugeriram que a "primeira onda" de Zika no Brasil em 2015 pode ter sido sua ***única*** onda de Zika; propondo que no ano seguinte o Zika fosse confundido com Chikungunya. Basicamente, a teoria deles é que o ***Zika estava lá em 2015, quando nunca foi medido***, e no ano seguinte, ***quando o Zika foi medido e anunciado como presente, não estava.*** Essa teoria, na verdade, não simplifica as coisas e traz à tona três outras possibilidades:

A. "Em 2016, havia imunidade coletiva contra a infecção pelo ZIKV... (e) as infecções por Chikungunya foram classificadas erroneamente como infecção pelo ZIKV (em Pernambuco, 2016 [comunicação pessoal do Dr. Carlos Brito] (**!**))."
B. "A infecção por ZIKV durante a gravidez não traz microcefalia, a menos que haja a presença de algum outro fator desconhecido (de alguma forma presente em 2015, mas ausente em todos os anos seguintes)."

C. "O medo das consequências adversas da infecção pelo ZIKV levou a menos concepções ou a um maior número de interrupções da gravidez em 2016. No entanto, como qualquer mudança no número de nascidos vivos seria pequena, essa hipótese não pode ser a principal razão pela qual poucos casos de microcefalia foram relatados na região Nordeste em 2016."

- Em 2017, o Dr. Albert Ko de Yale imaginou que o misterioso "cofator" dos autores do **MS** e da **OMS** era "a *exposição anterior à dengue (aumentando) o risco de defeitos congênitos do Zika* ".[178]
  - A. Note bem que (conforme abordado em um capítulo anterior), isso não se aplica: a frequência da dengue não variou entre mães normais e microcefálicas.[179]
  - B. A pesquisa de Ko nesse ínterim não documentou nenhuma prova para esta teoria.
- Em 2017, pesquisadores na China sugeriram que "*uma cepa mutante (Zika) específica do Brasil*" causou os defeitos congênitos da microcefalia.[180] O Dr. Anthony Fauci acrescentou: "*Este é um estudo muito bom e dá uma explicação plausível com base científica*"; contudo,
  - A. Essa teoria não deu frutos, visto que essa cepa brasileira em particular nunca mais causou o mesmo dano no Brasil. Isso significaria que todo o país tinha imunidade instantânea e total ao Zika, a essa cepa específica, após apenas um ano.
  - B. As várias cepas de Zika apresentam diferenças físicas mínimas - e nenhuma significantemente funcional - entre si. "A comparação direta da

sequência entre as cepas mais antigas e mais novas, mostra apenas uma mudança de sequência mínima de <1% no genoma do ZIKV, nenhuma das quais demonstrou alterar a função; nenhuma evidência conclusiva para diferenças entre as diferentes cepas de ZIKV, em relação ao tropismo neural ou morte celular."[181]

C. Em 2019, o Dr. Albert Ko de Yale (et al.) fez a abordagem oposta (após a ausência de microcefalia da onda do Zika na Índia). "Até que novas evidências sugiram o contrário, todas as cepas de Zika devem ser consideradas como tendo o potencial de causar defeitos congênitos, e muitos fatores específicos da região precisam ser considerados ao avaliar os riscos populacionais."

- Há pelo menos uma teoria publicada (que aceita o aumento da microcefalia no Brasil, mas...) não atribui o dano ao Zika - e sim "a possibilidade alternativa do uso do inseticida piriproxifeno para controle de populações de mosquitos nas águas potáveis brasileiras é a causa principal."[182]

Para resumir, aqui estão algumas das "correções" retrospectivas (detalhadas acima) para cobrir o fato de que a crise de Zika-microcefalia em 2015 foi em todos os aspectos um evento não confirmado que ocorreu uma vez, em uma região, e nunca foi reproduzido em nenhum outro lugar, incluindo no Brasil.

- Diferentes versões do Aedes aegypti variam na eficiência de entrega do Zika.

- Quando o Zika pôde ser medido e todos disseram que o Brasil tinha Zika em 2016, não foi. Foi Chikungunya.
- O Zika ainda estava lá em 2016, mas ninguém contrai, nem exibe microcefalia, porque toda a população estava imune após a única experiência de 2015.
- Nenhum aumento de microcefalia foi observado nos anos subsequentes porque as pessoas pararam de conceber ou de continuar a gravidez (flagrantemente falso, embora tenha havido uma leve redução).
- O Zika precisa de algum "cofator" misterioso para perpetrar a microcefalia. Esse cofator estava lá quando as autoridades não estavam medindo a microcefalia com precisão, nem o Zika, em 2015; no entanto, no ano seguinte, quando as pessoas recuperaram a capacidade de fazer as duas coisas, o cofator havia desaparecido. Idem, para todos os anos subsequentes sem Zika e sem microcefalia.
- A exposição anterior à dengue é esse mesmo "cofator" (os dados não confirmam isso).
- *"Uma cepa mutante (Zika) particular do Brasil"* causou os defeitos congênitos da microcefalia.

Do meu ponto de vista, isso parece distorcer a realidade para se ajustar a uma agenda; explicações cada vez mais grandiosas para encobrir a fraqueza subjacente da proposição original. *Ninguém, ninguém*, e quero dizer *ninguém*[183] parece capaz de expressar dúvidas sobre qualquer uma, ou todas as quatro, conjecturas sobre o Zika, todas as quais precisam ser verdadeiras para que a conexão Zika-microcefalia seja real.

1. Que certos casos, completamente não testados, essencialmente sinônimos de dengue, aparecendo em áreas endêmicas de dengue eram, em vez disso, definitivamente, um Zika nunca visto no Brasil;
2. Que este Zika, antes eternamente inofensivo para os humanos, tinha um lado negro até então não observado;
3. Que alegar mais microcefalia (sem comparações de dados anteriores) em uma área do Brasil (durante um pânico) implicou em um aumento nacional;
4. E que uma improbabilidade causou a outra.

As reputações estão vinculadas a teorias e, como acontece com a pesquisa do Zika, pode haver um certo ímpeto para a frente em prosseguir resolutamente com uma teoria, mesmo que ela não cumpra todas as suas obrigações ao fazer o que uma teoria deve fazer: prever (reproduzivelmente) eventos futuros. Não há razão para não esperarmos que as teorias científicas sejam confirmadas na vida real.

Se alguém postular uma "teoria da gravitação" em que objetos pesados, sem amarras, flutuam para cima, um simples experimento de jogar uma pedra ou uma caneca de café no chão é mais que suficiente para refutá-la. Da mesma forma, muitos dos eventos previstos relativos ao vírus Zika simplesmente nunca ocorreram. No entanto, de alguma forma, a teoria ainda se mantém, em alguns aspectos agora mais forte e mais arraigada do que antes.

Claramente, os epidemiologistas têm eventos maiores e mais urgentes em suas mãos e em suas mentes (Covid 19), então talvez seja pedir demais para uma retrospectiva. O ***Desconstruindo o Zika*** espera preencher essa lacuna.

19. Os Especialistas Respondem

É julho de 2019 e a maior pandemia mais recente está surgindo em Wuhan, na China. Com esse senso de "ironia dramática", vamos olhar para trás e ver como nossa grande pandemia anterior, o Zika, apareceu para os especialistas - basicamente, como algo do qual não devemos abdicar:

The New York Times

O vírus Zika ainda é uma ameaça. Aqui está o que os especialistas sabem. Por Andrew Jacobs July 2, 2019

...aparentemente da noite para o dia, a epidemia evaporou e a atenção do público mudou. **Mas o Zika, ao que parece, não desapareceu.**

"O Zika saiu completamente do radar, mas a falta de atenção da mídia não significa que desapareceu", disse Karin Nielson, especialista em doenças infecciosas pediátricas da U.C.L.A. que estuda o impacto do Zika no Brasil. **"De certa forma, a situação é um pouco mais perigosa porque as pessoas não estão cientes disso."**

"O próximo surto não é uma questão de se, mas de quando", disse o Dr. Ernesto T.A. Marques

A Dra. Even Lackritz, que lidera a **Força-Tarefa de Zika da OMS, disse que uma de suas principais tarefas é manter o senso de urgência.** "Meu maior medo é a complacência e a falta de interesse da comunidade global", disse ela.

Não se deixe enganar pelos três anos anteriores de ausência total de microcefalia relacionada ao Zika, ou do Zika em geral como uma temida doença, cidadão. Esta é apenas a penúltima cena do filme de terror. Você apenas pensa que matou o monstro, mas ele o tem exatamente onde ele quer, antes de reaparecer para a horrível batalha final. A principal tarefa admitida pelo líder médico da Força-Tarefa contra o Zika da OMS é "**manter o senso de urgência"**.

- Lyle Peterson,[184] do CDC, preocupado: "O mundo não está preparado para o próximo surto".
- Paolo Zanotto,[185] do Brasil: "O maior medo é que nunca iremos nos livrar do Zika".

Esta "lógica" fomentadora do medo é auto perpetuante e, além disso, contraproducente na realidade de preparação para o próximo surto: reservar recursos para lutar a última batalha - com a próxima sendo completamente diferente. Em vez de tentar **"manter o senso de urgência"** para o Zika inexistente, processos de pensamento mais ágeis e voltados para o futuro poderia muito bem ter evitado o vazamento da Covid - sobre o qual o CDC tem cumplicidade, tendo furtivamente apoiado a pesquisa do Instituto de Virologia de Wuhan sobre "ganho de função" no vírus SARS (coronavírus / Covid).

A próxima pandemia do Zika? Em breve!?

Em comunicação pessoal com um especialista acadêmico em Zika (MD, PhD) com funções profissionais no Brasil e nos EUA, ***Desconstruindo o Zika*** fez uma série de perguntas, e é grato por essas respostas completas. O resumo é apresentado mais abaixo (caso você queira pular esta seção).

Desconstruindo o Zika pergunta:

"Agora estamos em 2021 e o Zika (ou talvez dengue, de forma cruzada) pode estar permeando o mundo - mas a microcefalia, nem tanto. Em 2016, foram estimados um milhão desse tipo de nascimento por ano, para os 3,3 bilhões de pessoas nos trópicos, mas os números gerais de microcefalia não parecem ter aumentado muito, visto que todos concordam em relação aos padrões de medição. A cidadania mundial foi informada pelo CDC e pela OMS para permanecer em alerta para o próximo surto, quando será?"

A resposta do acadêmico especialista em Zika:

"Os casos de Zika continuam aparecendo em várias regiões em níveis endêmicos, sem desencadear uma epidemia. Anormalidades congênitas relacionadas ao Zika continuam a aparecer em pequeno número.

A microcefalia é apenas um sintoma presente na maioria dos casos graves, mas não é o mais frequente. Os defeitos retinianos e cocleares são muito mais frequentes, mas só são detectados mais tarde na vida. Estudos de acompanhamento mostraram que muitas das crianças nascidas de mães expostas ao Zika eram normais ao nascer, mas depois apresentaram vários tipos de complicações.

Doenças causadas por flavivírus, como o Zika, têm ciclos. É bem-sabido que diferentes sorotipos de dengue alternam surtos ao longo do tempo. O Zika entrou nesse grupo e agora entrará em ciclos alternados com os sorotipos da dengue. As grandes epidemias de dengue no Brasil acontecem em intervalos de cerca de 7 a 8 anos, mas ciclos diferentes ocorrem em outras regiões. O

Sudeste Asiático tem ciclos mais curtos. A duração dos ciclos depende de fatores ambientais, eficácia dos programas de controle de vetores e imunidade do rebanho.

No Nordeste do Brasil, espera-se que um grande surto de dengue ocorra nos próximos dois anos. Provavelmente dengue 1 ou dengue 2, visto que existe uma grande fração da população suscetível a esses sorotipos. Devido à reatividade cruzada entre a dengue, o Zika entra nessa dinâmica como se fosse mais um sorotipo da dengue. Portanto, imagine que uma epidemia possa aparecer a cada intervalo de 7 a 8 anos e que um dos 4 sorotipos da dengue mais o Zika surja com base na imunidade de rebanho. **Eu estimo que temos cerca de 35% de chance de ter outro grande surto de Zika nesta década e isso deve crescer com o tempo.**"

Desconstruindo o Zika seguiu com este conjunto de perguntas:

"A dengue não vem em ondas ano a ano?"

Nosso acadêmico especialista em Zika:

"Sim, a cada verão um aumento de casos de dengue e outros arbovírus evoluem com um ciclo médio de 7 a 8 anos. O Zika foi introduzido neste contexto e circulou predominantemente em regiões cujo surto anterior de arbovírus foi o surto de Dengue 3 em 2002. Outros países têm ciclos mais curtos a cada dois ou três anos."

Desconstruindo o Zika:

"Você está dizendo que a diferença nas cepas 'variantes' traz um ciclo que seria o mesmo para o Zika?"

Acadêmico especialista em Zika:

"Os sorotipos 1, 2, 3 e 4 da dengue são vírus diferentes, não variantes. Embora cada um dos sorotipos tenha variantes, eles não escapam imunologicamente das respostas imunológicas de seu sorotipo. As variantes têm impacto no resultado clínico do paciente, mas não em relação à imunidade coletiva."

Desconstruindo o Zika:

"Não teria então surtido efeito total no resto dos trópicos das Américas, que eram como o Brasil no ano anterior, virgem ao Zika antes - dando-lhes aumentos semelhantes nas taxas de microcefalia? Isso não ocorreu."

Acadêmico especialista em Zika:

"A transmissão de arbovírus depende de vários fatores, como meio ambiente, programas de controle de vetores, espécies de mosquitos, fatores socioeconômicos e outros fatores relacionados à imunidade de rebanho. Os altos níveis de anticorpos da dengue fornecem proteção contra o Zika. Os níveis de transmissão do Zika em cada país não foram bem documentados por vários motivos. 1) é muito leve e muitas pessoas não percebem que eles têm Zika agudo, 2) Os kits de diagnóstico têm reação cruzada com dengue e 3) Ninguém estava à procura de Zika até muito tempo depois do surto. Por exemplo, no Nordeste do Brasil, o surto foi janeiro – junho de 2015 e todos os casos foram relatados como dengue. (Foi apenas após o) surto de microcefalia em janeiro de 2016, que havia a possibilidade de diagnósticos de Zika.

Basicamente, apenas alguns lugares conseguiram medir a taxa real de infecção. Não é necessariamente verdade que o vírus Zika tenha conseguido atingir níveis epidêmicos em toda a América Latina apenas por a população ser virgem ao vírus. Havia populações virgens em muitos lugares como EUA ou UE, mas os fatores ambientais não permitiram."

Desconstruindo o Zika:

"Não teria havido aumento do número de microcefalia em lugares tão virgem quanto o Brasil de 2015, em outros lugares dos trópicos e nos anos subsequentes? Isso não parece ter ocorrido."

Acadêmico especialista em Zika:

"Eles ocorreram (mas diferentes países tinham padrões diferentes para 'confirmar') casos de síndrome congênita do Zika. Alguns países apenas confirmaram um caso se tivessem um teste de Zika positivo por PCR no bebê; no entanto, as mães haviam sido infectadas 6 meses antes e as mães ainda não tinham mostrado positivo no parto. O número de casos suspeitos de Zika-microcefalia na Colômbia é enorme, mas eles confirmaram apenas 10%."

Desconstruindo o Zika:

"Também parece um pouco como 'mudando as metas' para tirar o foco da microcefalia e expandir a suposta neurotoxicidade do

Zika para problemas que não podem ser medidos no nascimento e são indistinguíveis da rubéola, ou de outras infecções, ou toxinas - que, embora sejam mais conhecidas, também não podem ser diagnosticadas automaticamente."

Acadêmico especialista em Zika:

"Não é o caso, esses casos também foram investigados para outras doenças TORCH e não há ambiguidade. Existem duas coortes longitudinais muito grandes de mulheres grávidas, uma coordenada pelo NIH (National Institute of Health – Instituto Nacional de Saúde) e outra pela União Europeia, cada uma com cerca de 8.000 participantes. Eles iniciaram o acompanhamento durante o primeiro trimestre da gestação até os bebês completarem 1 ano. Todos os casos de crianças expostas e um número equivalente de crianças não expostas ao Zika serão acompanhados. Muitos parâmetros estão sendo medidos e há estudos de outras doenças TORCH nessas mesmas coortes."

Desconstruindo o Zika:

"A microcefalia é pelo menos uma medida mensurável no nascimento, pronta para comparações com a epidemia presumida no Brasil 2015 ou teste materno positivo para Zika (claro que não medido de fato na epidemia presumida brasileira de 2015)."

Acadêmico especialista em Zika:

"A associação é epidemiológica e biológica não só com base na sorologia, mas também com a identificação do vírus no cérebro do feto e no líquido amniótico. Os modelos animais também mostram que o vírus causa problemas de microcefalia e de neurodesenvolvimento. Há casos em que foi comparado a cepas diferentes e as mais patogênicas foram as cepas do Brasil e de Porto Rico. Aliás, Porto Rico também teve um grande número de casos.

No entanto, existem alguns fatores não explicados. Em Recife, epicentro do surto, 97% das crianças com microcefalia eram de baixo nível socioeconômico. No entanto, a soroprevalência do Zika nesses grupos é muito mais próxima. Vários fatores ambientais e nutricionais foram explorados, mas até agora nenhum deles foi associado."

Resumo das perguntas e respostas

Isenção de responsabilidade: ***Desconstruindo o Zika*** está fazendo este resumo com base nas premissas de seus vários capítulos anteriores. Este é o resumo de ***Desconstruindo o Zika***, não de um especialista acadêmico. Neste resumo, pretendemos dar a essência do que foi dito acima com as refutações de ***Desconstruindo o Zika***. Espera-se que um leitor curioso consiga discernir a canalização da voz do especialista e as críticas de ***Desconstruindo o Zika***.

- O Zika ainda pode estar presente em todo o mundo, mas não de forma epidêmica concentrada em qualquer lugar. A definição de anormalidade congênita relacionada parece estar se expandindo para coisas que se sobrepõem à síndrome da rubéola e / ou outras toxinas ou infecções. As crianças estão sendo observadas mais tarde, não apenas no nascimento. É claro que isso cria "linhas borradas", fica mais difícil de estudar populações e / ou causas de atributos anos depois.

- Nosso especialista afirma que a dengue tem diferentes subtipos e parece ter ciclos no Brasil, assim como acontece com a gripe em outros lugares. Os comprimentos dos ciclos potencialmente diferem em regiões diferentes. As causas não são conhecidas, mas "*os grandes suspeitos*" (fatores ambientais, controle do mosquito, imunidade do rebanho, status socioeconômico) são mencionados quando não há respostas imediatas disponíveis. Portanto, há alguma suspeita de que o Zika está aguardando seu "ciclo" pelos mesmos motivos dos "grandes suspeitos" (em vez de talvez nunca ter existido e ter sido transposto erroneamente e, na verdade, uma dengue diagnosticada incorretamente).
- A visão do especialista é que o Zika será uma carta extra no baralho (de quatro subtipos de dengue) e que uma dessas cartas se torna um grande problema apenas a cada sete ou oito anos, então o Zika pode aparecer como epidemia em 30 anos, ou conforme declarado aqui, uma chance em três dentro de uma década. Essa é uma desculpa muito grande atrás da qual se pode esconder para não ter que negar a premissa original do Zika. Vamos esperar 30 anos para refutar isso?
- A opinião do especialista é que a microcefalia relacionada ao Zika não foi contada, ou não demonstrou existir, no restante das áreas tropicais da América Latina porque os outros países não queriam promover ou permitir esses números. O especialista acredita que os números da Colômbia eram "enormes", mas permanecem ocultos

devido à relutância em "confirmar" (***Desconstruindo o Zika*** infere a partir das respostas dadas).

- Haverá alguns grandes estudos que podem ajudar a separar o Zika de outros agentes de infecção devido a defeitos congênitos da TORCH. A opinião do especialista é que esses estudos podem encontrar outros problemas congênitos do Zika, em vez de simplesmente microcefalia. ***Desconstruindo o Zika*** acredita que isso está adicionando certas particularidades perturbadoras à simples pergunta: o Zika causa microcefalia? A resposta ultimamente tem sido "não", mas agora é "olhe para esse outro lado", talvez o Zika faça algumas das coisas que a rubéola faz há muito tempo - e veja bem, algo que a dengue, quase gêmea do Zika, NUNCA fez.
- Mesmo que nós (na academia) não estejamos vendo microcefalia clínica, estamos caindo na posição de que alguns estudos em animais mostram a passagem do Zika pela placenta e para as células do neurodesenvolvimento, incluindo o cérebro.
- Além disso (embora ***Desconstruindo o Zika*** observe que a teoria da "cepa mutante" tem sido desacreditada em outros lugares), nosso especialista enfatiza que o Brasil e Porto Rico tiveram a "super cepa" que causou mais microcefalia. Presumivelmente, isso explica por que outros lugares não receberam a microcefalia. Ele não explica por que o Brasil não a teve mais.
- Apesar de mencionar "os grandes suspeitos" (acima), o único desses que realmente se mostrou associado à microcefalia é a pobreza. ***Desconstruindo o Zika*** reitera haver numerosas outras causas de microcefalia associadas

à pobreza, enquanto, nesse sentido, "pobreza" poderia ser listada como uma causa em si. Porque essa não é a justificativa da microcefalia em vez de "Zika", ***Desconstruindo o Zika*** não sabe dizer. E, claro, todas essas teorias funcionam sob a premissa de que havia Zika e que houve de fato um aumento da microcefalia - ambos completamente não verificados no ano pandêmico.

Uma conversa mais curta com um especialista

Desconstruindo o Zika teve uma discussão separada com um bioestatístico acadêmico (PhD) que havia analisado o Zika - admitindo posteriormente:

"A realidade acabou ficando mais próxima de nossas menores estimativas de custos. Pode ter havido **um excesso de pânico produzido por reportagens da mídia nos estados do Norte (do Brasil);** no entanto, em termos globais, o impacto do Zika foi subestimado - devido às dificuldades em atribuir condições de saúde ao Zika e, porque a maioria dos casos ocorre em países tropicais onde muitas doenças são negligenciadas. (A confirmação de acompanhamento não está prevista, porque atualmente, a Covid-19 preocupa totalmente os epidemiologistas.)"

Resumo desta interação pelo ***Desconstruindo o Zika***:

- Mesmo alguém orientado matematicamente (um bioestatístico) tem dificuldade em separar fatos de crenças.
- Zika esmoreceu completamente, ficou muito aquém das estimativas da equipe para causar estragos, danos, caos e

microcefalia fora do Brasil – MAS AINDA ASSIM, o pequeno passo de reconhecer o pânico e exagero do Brasil em 2015 é rapidamente contrabalançado com a desculpa nebulosa de que o Zika é difícil de determinar porque não é uma entidade distinta e / ou porque ocorre em locais onde as pessoas não fazem seguimento de doenças.

- Esse é um argumento que, claro, se verdadeiro, faria alguém duvidar da premissa original da microcefalia do Zika em 2015, bioestatisticamente e também na realidade.

20. A Promessa Quebrada da Vacina Contra o Zika; A Vida das Mulheres no Limbo

Qual é o oposto de "Velocidade de Dobra"?

A vacina Covid-19 representou uma inovação tecnológica genuína: uma formulação totalmente nova para uma doença totalmente nova (Covid-19), realizada rapidamente. Esta vacina destinava-se a facilitar a saída de restrições, confinamentos, e medidas semelhantes. Indiscutivelmente, a política por trás da aplicação em massa da vacinação foi pesada, mas houve "produto".

Embora a Operação Warp Speed[186] (Velocidade de Dobra, em referência a um termo da ficção científica que significa ultrapassar a velocidade da luz) tenha alcançado seu objetivo em poucos meses – do lado inverso, uma vacina contra o Zika ainda é uma ambição não realizada, muitos anos depois.

Sob a ameaça da Zika-microcefalia (2015-2016), o Brasil e os trópicos do mundo viviam com medo. Na Colômbia, El Salvador, Jamaica e em partes do Brasil, ministros do governo (aconselhados por especialistas em saúde pública da OMS[187,188]) disseram à população para parar de ter filhos (aguardando uma vacina).[189] O declínio nos nascimentos implica que centenas de milhares de mulheres os ouviram – pelo menos por um tempo. Sete anos e nenhuma vacina contra o Zika depois, as mulheres que seguiram os conselhos obedientemente estão em uma pior situação.

O desaparecimento repentino e completo da doença Zika, e da Zika-microcefalia, sem dúvida, retardou o ímpeto da vacina Zika. As vacinas envolvem certo risco, e nossos guerreiros epidemiológicos na saúde pública parecem relutantes em iniciar uma batalha de testes de vacinas quando ninguém está sofrendo com o vírus. Efeitos colaterais sem benefícios compensatórios são relações públicas ruins para as vacinas.

2020 foi um ano vivido com medo. O Covid-19 havia sido desencadeado da China, com informações inadequadas sobre a experiência da China. Talvez com excesso de cautela, nos prendemos em confinamentos, diante da premissa que uma vacina iminente iria validar essa estratégia.

A Operação Warp Speed essencialmente, e quase milagrosamente, fez jus ao seu nome, produzindo uma vacina em menos de um ano civil. Foi um *tour de force* sem precedentes, combinando a velocidade e a inovação fundamentais para os negócios – com o financiamento, o alcance burocrático e a redução de responsabilidades do governo.

A vacina contra Covid-19 impede o retorno do vírus "ancestral" de Wuhan; embora menos eficaz contra variantes de letras gregas (α, β, Δ, o)[190] (que felizmente tendem a ser mais suaves, sequencialmente). Idealmente, uma vacina precede uma pandemia e é substituída por novas cepas, como as vacinas contra a gripe que variam anualmente.

Nos negócios, a fórmula para o sucesso classicamente tem sido "prometer menos e entregar em excesso", estabelecendo expectativas razoáveis – e depois eliminando-as do parque. A vacina contra Covid-19 prometeu demais o desaparecimento dos confinamentos e restrições, insatisfazendo a muitos.

Com a crescente diferença física e genômica de cada nova cepa variante em relação à original, a vacina se torna menos compatível; no entanto, a vacina contra Covid-19 foi repetidamente empurrada para as cepas variantes "Covid-20" (α, β) e "Covid-21" (Δ, o).191 192 Os casos "avançados" são descaracterizados, já que os indivíduos vacinados contra a Covid-19 não estão muito protegidos contra a Omicron, em primeiro lugar. Ninguém deve ficar chocado ao pegar gripe, quando apenas tendo sido vacinado para a cepa de dois anos antes.

O Projeto Engasga

A história da resposta ao Covid-19 (como em todos os esforços humanos) é de imperfeição: máscaras e confinamentos excessivamente longos – mas pelo menos existe uma vacina. Por esse padrão, a resposta ao Zika é um fracasso – especialmente devido a essa exigência severa e incrível feita às mulheres: "A rápida disseminação do Zika... **levou os governos a fazer algo sem muitos precedentes na história da humanidade: exortar as pessoas a adiar a gravidez**".[193]

The Atlantic

Um país sem bebês

Os governos estão dizendo às mulheres para adiar a gravidez durante o surto de Zika. O que acontece se o fizerem?

A ciência certamente era adequada na época para criar uma vacina contra o Zika. Dinheiro não era problema, bilhões de dólares foram investidos na luta contra o Zika. Outras doenças de flavivírus (encefalite japonesa e febre amarela) já haviam tido vacinas formuladas.

O CSO da Sanofi, Dr. Gary Nabel, ex-Centro de Pesquisa de Vacinas do NIH, disse otimista (2016),

"O que faz você... realmente lançar um programa de vacinas é quando você vê que há sérios efeitos na saúde pública. O vírus Zika se qualifica (sic). Sanofi tem vacina para dengue.[194] Dengvaxia (pode) proteger de forma cruzada contra o vírus Zika (embora) preocupações relacionadas à gravidez (tornam) preferível usar vírus inativado em vez de atenuado (vivo), como na Dengvaxia.[195]"

O trabalho na Dengvaxia começou em 2009, mas sua implementação foi atrasada pela controvérsia.

Crianças nas Filipinas (2017) sofreram doenças mais graves após a vacinação,[196] exatamente o oposto do resultado desejado de uma vacina.[197] A Dengvaxia foi, no entanto, licenciada globalmente e lançada em 2019.

Coincidentemente com o pânico da microcefalia do Zika, os pesquisadores estavam entusiasmados, produzindo dezenas de vídeos otimistas sobre a vacina contra o Zika. Aqui estão três em destaque, incluindo o do Dr. Fauci.

Inicialmente, uma enxurrada de vídeos da vacina contra o Zika, CBS News, etc.

Desenvolvendo a vacina contra o Zika | Começam os testes em humanos para a vacina contra o Zika | Fazendo uma vacina contra o Zika

Apenas um único vídeo produzido desde 2017 sobre este tópico

Depois daquele primeiro ano, o entusiasmo rapidamente diminuiu. Pense em otimistas e animadas resoluções de Ano Novo, esquecidas meses depois. Isso é quase impossível de replicar com um orçamento de bilhões de dólares, reputações em jogo (como a do Dr. Fauci) e toda a atenção do mundo; mas assim aconteceu.

Antes que o entusiasmo e a emergência diminuíssem, o Dr. Fauci havia anunciado: "Estamos (envolvidos com) um teste humano de fase um para determinar a segurança e se induz uma boa resposta. Isso provavelmente acontecerá a partir do quarto trimestre de 2016. Então, tudo isso já está em andamento."[198]

Considerações para o Desenvolvimento de uma Vacina contra o Zika Vírus

Hilary D. Marston, M.D., M.P.H., Nicole Lurie, M.D., M.S.P.H., Luciana L. Borio, M.D., and Anthony S. Fauci, M.D.

(Artigo, mais exclusivo)

Entrevista com o Dr. Anthony Fauci sobre estratégias potenciais para a realização de ensaios clínicos de vacinas contra o Zika vírus.

The NEW ENGLAND JOURNAL of MEDICINE

September 29, 2016

De fato, os ensaios de fase 2 começaram em 2017 nos Estados Unidos, Brasil, Peru, Costa Rica, Panamá e México[199] em meio ao declínio do interesse público pelo Zika (até 2017).

O Dr. Fauci, apesar de afirmar que a vacina contra o Zika continua sendo "uma prioridade muito alta" para o NIAID,[200] essencialmente falhou no acompanhamento; o NIAID não havia alinhado os fabricantes de vacinas. Além disso, toda a base do projeto da vacina contra o Zika se baseou na credulidade: acreditando ingenuamente nas alegações originais da pandemia de microcefalia do Zika, sem a confirmação adequada do CDC, NIAID ou NIH. Como resultado, eles foram pegos de surpresa pelo desaparecimento quase imediato do Zika. A ausência de casos latino-americanos exigia a expansão maciça dos ensaios clínicos, com maior custo e dificuldade burocrática.

Em 2018, dez centros clínicos ainda estavam usando várias formulações de vacinas, incluindo o mRNA da Moderna. A revisão contemporânea em "Vaccine", 2018, nunca menciona "atraso", "demora", "problema" ou "falha".[201] Aparentemente, tudo permaneceu no caminho certo (enquanto o financiamento persistiu) - embora a população, sob a presunção de um problema genuíno de Zika-microcefalia - não tenha recebido trégua ou alívio. As pessoas não receberam uma vacina nem foram ditas que as alegações iniciais eram exageradas.

Infectar pessoas para salvá-las?

Depois da humilhação pela exposição do experimento de Tuskegee,[202] as agências dos EUA que consideram infectar seres humanos devem passar por uma revisão ética. A perspectiva de uma vacina contra o Zika provocou um simpósio de bioética em dezembro de 2016, no qual foi dito:

"Os pesquisadores há muito reconhecem as apostas éticas nos estudos de desafio de infecção. Os experimentos de febre amarela de Walter Reed em Cuba no início de 1900 forneceram proteção para os indivíduos. Pesquisadores que conduziram estudos de desafio com sífilis e gonorreia na Guatemala no final da década de 1940... retiveram o tratamento eficaz estabelecido, não tomaram medidas para proteger terceiros da propagação da infecção e incluíram inadequadamente indivíduos de populações vulneráveis."[203]

Com a tarefa de saber se um ensaio de vacina contra o Zika deveria propositalmente infectar indivíduos em um estudo de "Modelo de Infecção Humana Controlada" (CHIM), o painel de bioética respondeu "não!"

Painel convocado do NIAID e Walter Reed (WRAIR), questionando a infecção de indivíduos saudáveis com Zika

CONSIDERAÇÕES ÉTICAS PARA TESTES DE DESAFIO HUMANO DO VÍRUS ZIKA

RELATÓRIO E RECOMENDAÇÕES

FEVEREIRO DE 2017

Um teste de desafio humano do vírus Zika pode ser eticamente justificado? Se assim for, sob que condições?

A resposta foi "NÃO!"

"o comitê determinou que as condições (atuais) (altos riscos potenciais, outras vias disponíveis) impedem a realização de um teste de desafio humano do vírus Zika"

E eis que finalmente – com o relógio marcando dois anos no investimento de cerca de US$1 bilhão em impostos dos contribuintes dos EUA resultando em pesquisa improdutiva do Zika – o NIAID e os bioeticistas pareciam ter uma mudança de opinião: **ir em frente e infectar propositalmente os sujeitos de teste**. Isso poderia fazer algum sentido em uma pandemia em fúria; no entanto, a Zika-microcefalia (inconvenientemente para pesquisadores, felizmente para as pessoas) permaneceu ausente como uma preocupação médica em qualquer lugar do mundo.

Na ausência de uma emergência, como explicar essa súbita mudança de opinião? Desespero? Nervosismo? Medo de falhar?

A ética não mudou, mas a política sim. O subtítulo deste artigo da Science de 2018 dá uma dica sobre a situação:

> **À medida que o teste de vacina contra o Zika em massa luta, os pesquisadores revivem o plano para infectar intencionalmente humanos**
>
> Science (setembro de 2018)
>
> O desaparecimento do Zika nas Américas torna difícil para um teste de US$ 110 milhões avaliar o valor da

"Um teste de vacina de US $110 milhões enfrenta um desafio inesperado e irônico. Os casos de zika caíram para níveis tão baixos que a maioria das pessoas vacinadas no teste provavelmente nunca será exposta ao vírus, o que pode tornar impossível saber se a vacina funciona".

"No momento, não há infecções e certamente não o suficiente para pensar em um sinal de eficácia neste momento", acrescentou Anthony Fauci.[204]

O NIAID poderia ter "declarado vitória" e "ido para casa" (essencialmente) – ou pelo menos adiado os estudos. Os esforços científicos catalogados não desaparecem, mesmo que o Zika desapareça. Se o Zika, de alguma forma, retornasse como um problema, esses esforços poderiam ser revividos com uma futura tecnologia ainda mais avançada.

Em vez disso, o NIAID seguiu em frente, pecando por potencialmente violar os padrões éticos documentados nos estudos de desafio humano. E tudo isso por que? A resposta pode ser encontrada comparando estas duas declarações do colaborador brasileiro do NIAID, Dr. Esper Kallás da Universidade de São Paulo:

1. "É um bom dilema porque não temos mais Zika."
2. "Mas é um dilema. Todo mundo está preocupado com isso. É muito investimento."[205]

Nos negócios, isso é conhecido como o "viés do custo afundado".

"Quanto maior nosso investimento anterior, mais difícil é abandoná-lo. Ignoramos a promessa de uma experiência melhor no futuro, tentando negar uma perda no passado. Em outras palavras, nossos investimentos passados influenciam demais nossas decisões atuais."[206]

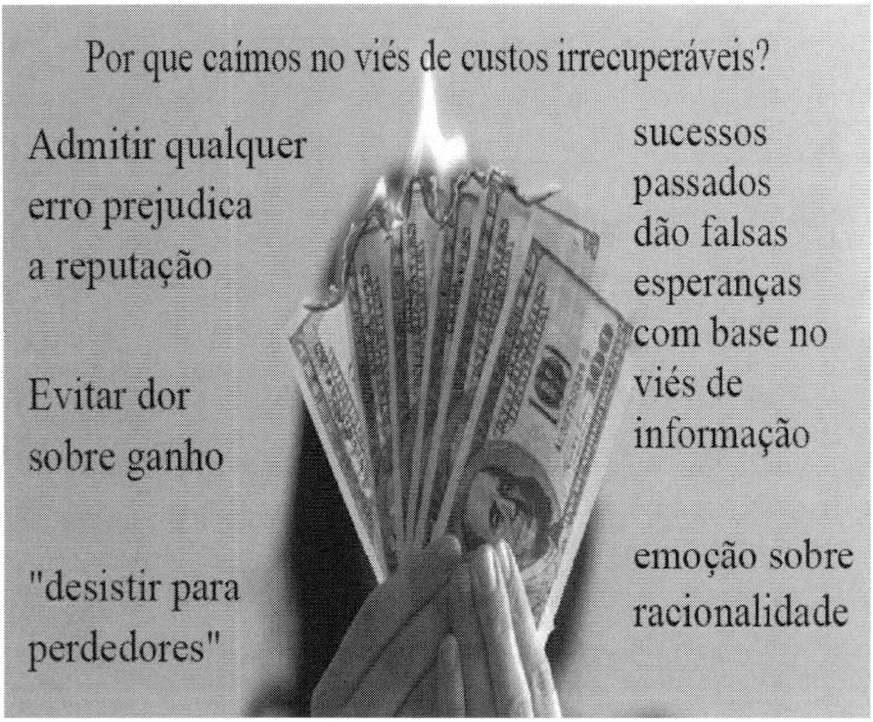

"Há essa sensação de que a epidemia atingirá nossa região, mas não sabemos quando", diz Kallás. "Nós não entendemos por que isso já não aconteceu." A líder do estudo, Dra. Anna Durbin, ficou frustrada com as restrições do comitê de bioética, achando que evitar um Modelo Controlado de Infecção Humana "era um grande revés. Se tivéssemos sido autorizados a seguir em frente, saberíamos hoje quais candidatos à vacina parecem bons."

Este mesmo artigo da Science mostra "o ato de desaparecimento do Zika", pelos números.

Note que, isso foi no auge do escrutínio, e os números desde então tem sido efetivamente zero.

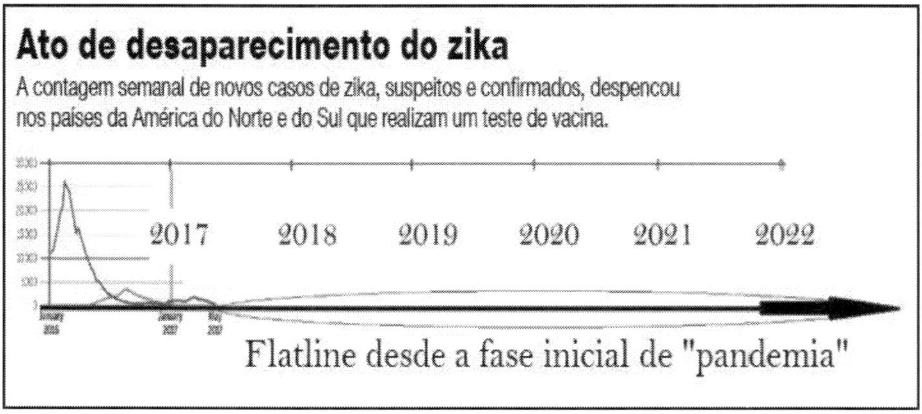

Se alguma coisa, haveria muito menos razões convincentes para seguir em frente com um CHIM, mas os bioeticistas lêem essas mesmas folhas de chá de maneira bem diferentes.

Mesmo após mais um ano do contínuo desaparecimento do Zika, a presidente do comitê de bioética, Dra. Seema Shah, virou o relatório de ética de 2017 de cabeça para baixo, dizendo: "*Há uma razão convincente para realizar um teste de desafio humano agora (2018). Os detalhes são complicados e é importante ter uma revisão rigorosa.*"

É desconcertante ouvir a Dra. Shah dizer que "os detalhes são complicados". Isso parece ser um eufemismo de professor querendo dizer "*eu não posso realmente expressar quais podem ser essas razões*" ou "*quaisquer que sejam essas razões, elas provavelmente não são estritamente éticas*".

Na mesma conjuntura, o Dr. Fauci acrescentou: "Se eles forem cuidadosos, não teremos problemas em apoiar (um CHIM). O Zika era uma ameaça muito sinistra há apenas alguns anos, e certamente existe a possibilidade de voltar. É um risco que você gaste esse dinheiro e nunca use a vacina, mas equilibrando a importância dessa infecção e o impacto que ela poderia ter, sentimos que era uma boa decisão seguir em frente. E eu ficaria feliz em defender isso em qualquer lugar."

A Dra. Anna Durbin, da Universidade Johns Hopkins, esperava "*começar a injetar o vírus Zika em pessoas imunizadas com uma vacina em 2019*". A ANVISA **negou** essas esperanças fervorosas dos Drs. Kallas, Fauci, Shah, Durbin et al. **proibindo um CHIM em solo brasileiro** (em uma época sem Zika-microcefalia). A

Dra. Durbin permanece implacável, e está organizando um CHIM em solo dos EUA, em 2022 – seis anos (e contando) na contínua não presença da Zika-microcefalia. Sem pandemia, sem problemas! A pesquisa financiada pelos EUA continua!

E continua a um custo invisível: arquivando estudos, pesquisas e projetos mais valiosos, apenas porque a Zika-microcefalia teve uma presença exagerada e imerecida no ciclo de notícias de 2016. O Dr. Fauci pressionou o Congresso dos EUA por US$ 1 bilhão em financiamento para Zika (2016), admitindo:

"Primeiro, tiramos dinheiro de outras infecções (malária, tuberculose e ebola)... depois de câncer, diabetes, doenças cardíacas e saúde mental... para se preparar para os testes de vacinas contra o Zika."[207]

Na mesma medida em que as escolas negociam com as cidades ao cortar as artes durante uma escassez de dinheiro, esse jiu-jitsu orçamentário conseguiu abrir a bolsa do Congresso – mas a que custo final?

Essa abordagem com "o dedo no gatilho" para a vacinação não é necessariamente a mais sábia. Se ***Desconstruindo o Zika*** estiver correto, a Zika-microcefalia nunca retornará, vacinada ou não. Mas se a Zika-microcefalia é um fenômeno genuíno - após sua recorrência, a tecnologia terá melhorado e toda a ciência existente permanece. A "boa notícia" geral do Covid-19 é que as vacinas de mRNA podem ser feitas com bastante rapidez, uma vez que a codificação genética adequada tenha sido sequenciada.

Codificando a Coda

O CEO da Moderna, Stephane Bancel, observou (2021):

"O terceiro capítulo para nós é a saúde pública e estamos muito felizes por estarmos trabalhando em parceria público-privada (por exemplo, o governo dos EUA) para colocar uma vacina contra o Zika no mercado. O Zika não saiu do planeta. O Zika vai voltar (sic). Precisamos estar prontos quando voltar para minimizar o possível custo humano desse terrível vírus transportado por mosquitos."[208]

Desconstruindo o Zika discorda da má interpretação perdoável do Dr. Bancel sobre o Zika (atualmente, todos no estabelecimento científico concordam com o ponto de vista dele), mas seu sentimento é razoável e a tecnologia da empresa será essencial para ameaças virais à medida que surgirem. Espera-se que tais reações futuras sejam mais rápidas no tempo de resposta e não dupliquem o desastre da vacina de Zika desaparecida.

As autoridades de saúde pública precisam tomar mais cuidado com seus terríveis avisos, que parecem pecar por excesso de cautela, ao lado do pânico entre a população. Aquelas mulheres infelizes que foram instruídas a não ter filhos são deixadas com o fardo da ausência. É nossa fervorosa esperança que elas tenham conseguido encontrar a felicidade para substituir o que foi abandonado neste altar da (pseudo) ciência.

21. O Veredito

Aparentemente muitos dos médicos brasileiros na trilha do Zika eram francos, intrépidos, corajosos, interessados e curiosos - todas as qualidades excelentes para médicos. Muitos estavam empenhados em ver e tratar pacientes e tinham a empatia e preocupação adequadas para com as mães perturbadas e os bebês danificados. O que eles não tinham, e o que não podiam ter (e possivelmente não buscavam ter), era acesso a um conjunto de dados grande o suficiente para fazer uma conexão firme de diagnósticos.

Em parte, porque certos aspectos não existiam plenamente no Brasil na época,

- O teste do Zika não estava geralmente disponível e não havia sido realizado clinicamente.
- Não havia registro federal de microcefalia; portanto, nenhum conjunto de dados de comparação para uma linha de base.
- Não havia métricas de tamanho uniformes e firmes para determinar a microcefalia no nascimento.

- embora parte da culpa seja deles também. O protocolo científico não foi seguido. "*Ciência por comunicado à imprensa*" não permitiu que as ideias passassem pelo processo de "verificações e equilíbrios" das academias de pesquisa, de conjetura, debate, prova, revisão. Vazamentos para a mídia podem ser enquadrados como uma ajuda para o público - mas pode-se dizer que o lançamento prematuro da teoria de Zika-microcefalia beneficia mais os próprios pesquisadores do que a população, resultando em frenesi.

Não havia necessidade real de dar um salto dessa maneira. Se a teoria estivesse correta, os danos dos nascimentos atuais teriam sido causados sete meses antes. Nenhuma mudança materna imediata em comportamento ou exposição ao mosquito ajudaria depois do fato. Certamente, seria prudente fazer com que mães recém-grávidas evitassem picadas de mosquito, mas tais medidas e conselhos são atemporais - e poderiam ter sido promovidos sem gerar pânico.

No momento em que foi disponibilizado acesso aos dados e revisão científica, não houve alteração das teorias por parte dos proponentes, nem grande cobertura da imprensa. Parece quase como se esse tipo de "checagem de fatos" fosse evitada e desprezada. As pessoas permaneceram muito "na onda" de promover a conexão Zika-microcefalia, por mais instável que fosse.

Aqui está um parágrafo revelador do livro ***Zika, From the Brazilian Backlands to Global Threat (Zika, do Sertão Brasileiro para Ameaça Global)***. O Dr. Brito pode não ter gostado dos números da vigilância epidemiológica, mas pensar que eles "atrapalharam as epidemias" é colocar a carroça na frente dos bois - como se suas teorias fossem mais importantes do que dados que poderiam refutá-las.

"Desde o momento em que o Zika foi encontrado circulando no Brasil até 10 de outubro de 2015, Pernambuco um dos epicentros do Zika no Brasil – registrou **apenas quatro casos de infecção**

pelo ZIKV, conforme confirmado pelo Instituto Evandro Chagas. Na visão do Dr. Brito, os números da vigilância epidemiológica confundiram efetivamente as três epidemias (Zika, dengue, chikungunya?). (Dr. Brito) insistiu em explicar algo básico sobre a prática clínica: '**Uma vez confirmada uma epidemia, o diagnóstico é clínico. O laboratório só é usado em casos críticos**. (!?)'

... Como os números estavam uma bagunça, o Dr. Brito ficou ainda mais surpreso quando a médica Vanessa Van der Linden, a neuropediatra de Recife (Pernambuco), ligou para ele na tarde do dia 19 de outubro de 2015 para falar sobre crianças com microcefalia."

No momento da conexão das duas teorias, presença-de-Zika-como-doença e aumento de microcefalia como "Zika-microcefalia" em outubro de 2015, havia quase zero casos comprovados confirmados de Zika. Isso enfraquece a primeira frase. Como o Zika poderia ter sido *"descoberto"* circulando no Brasil sem ter sido encontrado circulando no Brasil?

O Dr. Brito, creditado por conectar um evento não comprovado (Zika) com outro (microcefalia), dá um salto semelhante neste comentário citado, com um pouco de lógica circular. Ele está dizendo que, visto que a epidemia de Zika "*tenha sido confirmada, o diagnóstico é clínico*", sem lugar para interferência laboratorial. Isso faz muito pouco sentido. O laboratório seria essencial para confirmar um diagnóstico de Zika que era tão completamente novo que nunca havia sido visto clinicamente, em qualquer lugar do planeta.

Esse foi o caso da Covid-19. Os primeiros casos envolveram diagnóstico clínico, mas, em última análise, as confirmações laboratoriais foram necessárias para estabelecer o diagnóstico de forma ampla e diferenciá-lo de outras doenças com apresentação semelhante.

Por que não seria esse o caso com o Zika? Dificuldades iniciais em encontrar testes laboratoriais apropriados e adequados para o Zika teriam sido um problema, sem dúvidas, mas uma vez que as coisas aceleraram, os testes do Zika teriam sido cruciais - claramente o oposto da declaração do Dr. Brito.

Os médicos pesquisadores têm algumas vantagens aqui. Eles estão distantes da situação pessoal e emocional de um nascimento trágico. Eles conseguem compilar e visualizar, através das lentes do tempo e da geografia, mudanças e tendências que médicos e clínicos individuais não conseguem. Eles têm acesso a reagentes de laboratório mais refinados, tecnologia de informação e bancos de dados em rede mundial. Além disso, eles podem se especializar em uma área específica, pesquisando repetidamente uma questão - uma vantagem que os médicos que continuam a fazer malabarismos com vários outros pacientes em andamento e preocupações de negócios não podem ter.

Independentemente disso, as notícias de que o Zika causava defeitos congênitos se espalharam rapidamente. O alarme soou e as pessoas entraram em pânico. Os brasileiros não conduzem simulações de incêndio regulares da mesma forma que em outros lugares.[209] A noção de um "alarme falso" pode não estar embutida em sua consciência cultural da mesma forma que está na América do Norte e na Europa. Por meio da mídia e do boca a boca, o medo de um surto de Zika se espalhou muito mais rápido do que a ciência baseada em evidências e advertência.[210]

"No caso da epidemia de Zika... a mídia inicialmente não conseguiu encontrar respostas... de pesquisadores e instituições científicas... embora a emergência (mais tarde) tenha estimulado a pesquisa, pode levar meses (ou anos) ... para obter conhecimento suficiente para compreender a situação." - Profs. Simone Evangelista Cunha[211] e Marcelo Garcia, 2018

Conforme mencionado nos capítulos anteriores, as pessoas transformaram suas vidas. O medo provisório do Zika evitou centenas de milhares de nascimentos.[212] Como não havia nenhum teste eficaz para o Zika na época, as pessoas tomaram todas as precauções que consideraram necessárias. Os militares do Brasil foram mobilizados, a OMS declarou uma emergência; restrições de viagens foram definidas; a propriedade e os direitos pessoais caíram com a pulverização forçada de inseticidas. Essas mudanças de estilo de vida pressagiam o desafio de bloqueios, quarentenas, proibições de viagens, fechamentos de empresas e escolas, perdas de empregos, interrupções e distanciamento social decretado e suportado durante a "*Era do COVID*".

Sem traçar nenhuma falsa equivalência entre as duas situações – mas ainda assim, o impacto do Zika na economia mundial foi substancial. Bilhões de dólares em riqueza e oportunidades de negócios foram perdidos, principalmente no Brasil.[213] As medidas, restrições e medos em torno do Zika se tornaram um furacão de atividade: maior e mais intimidante do que o necessário. A questão - muito simplesmente - é "por quê?"

Talvez contribuindo para a ausência de uma reconsideração da pandemia do Zika seja sua geografia particular. Problemas distantes (no caso, no Brasil) são menos urgentes para serem resolvidos pelas "superpotências médicas" (do Leste Asiático, Europa, América do Norte). E embora a questão ainda paire no Brasil, foi ofuscada por outros problemas prementes: estado terrível da economia, questões sociais e, mais recentemente, Covid. Como resultado, no Brasil, o Zika parece em grande parte ter sido esquecido, como pode ser visto por meio do Google Trends.

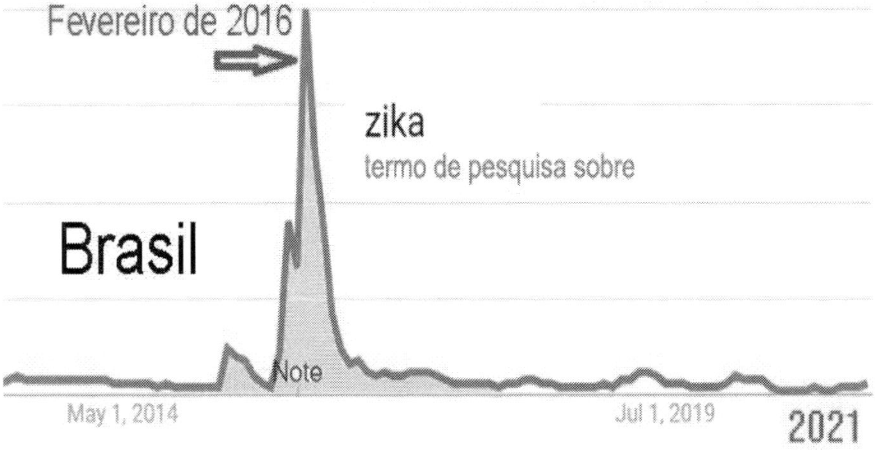

É certo que as pessoas evitam lembranças desagradáveis, incluindo ou especialmente as de uma pandemia. Muitas pessoas, tenho certeza, adorariam poder esquecer o COVID (o mais rápido possível) e seguir em frente com suas vidas. Da mesma forma, brasileiros (exceto mães de crianças afetadas)[214] não tiveram nenhum desejo particular de lembrar do Zika depois que a onda inicial de pânico cessou. As mães dos microcefálicos não podem esquecer, e é improvável que mudem de ideia sobre a causalidade, principalmente com o atual estipêndio federal brasileiro para casos de Zika-microcefalia, estabelecido como um fundo especial.[215]

No entanto, a conversa em torno do Zika não terminou. Nós, como comunidade global, precisamos entender o impacto que o Zika teve não apenas durante seu momento mais assustador em 2016 (com preocupações crescentes de gravidezes arruinadas, vidas jovens arruinadas), mas também durante a absoluta "quietude do Zika" nos anos seguintes. Além da OMS e do CDC, eventualmente rebaixando discretamente a "emergência"[216] sem retirar a premissa do perigo subjacente, não houve menção positiva do Zika à população em geral equivalente em magnitude ao pânico inicial: nem da medicina ou da ciência, nem da mídia de notícias, nem de governos e agências. Cada conjunto de especialistas em Zika deveria estar em êxtase porque essas previsões não se concretizaram... mas, ao contrário, estavam mudos como peixes.[217]

A realidade é que enquanto os pronunciamentos foram feitos, todos eles pretendem manter o medo elevado, ao invés de trazer a garantia de que as alegações iniciais podem ter sido exageradas. Por exemplo, em novembro de 2016, com as alegações de Zika / microcefalia essencialmente desaparecidas, o Dr. Peter Salama, das Emergências de Saúde da OMS, insistiu em *"não diminuir a importância do Zika"*; assegurando que o Zika e a resposta da

OMS estavam "*aqui para ficar, de uma maneira muito robusta*".[218]

Na verdade, qualquer uma das menções esporádicas e discretas do desaparecimento do Zika foram acompanhadas por um sentimento de pesar (!) que ele não poder mais servir como a ferramenta antecipada para "ação social" (ou seja, derrubar as restrições ao aborto no Brasil; ou trazer dinheiro estrangeiro para ajudar o pobre Nordeste do Brasil)[219] - ou uma redução na "*ciência*": a fase silenciosa do Zika pressagiava um futuro retorno surpresa, como nos filmes de terror. Essas respostas coincidiram com a pressão contínua para despejar dinheiro na pesquisa do Zika, mesmo que não existisse mais.[220]

Boas notícias são como um elixir mágico, trazendo alegria às pessoas. Os especialistas mais investidos no bem-estar das pessoas do que em suas próprias reputações ou senso de infalibilidade teimoso, iriam pular uns na frente dos outros para ser os primeiros a anunciar o retorno do Zika à irrelevância médica. Para uma população anteriormente levada ao medo, ao pavor e ao pânico, agora deve-se o relaxamento, a calma, a presença asseguradora - ou, neste caso, a ausência asseguradora - de uma doença menos preocupante.

Anúncios de "***O Zika sumiu! Alegrem-se!***" nunca ocorreram, o Zika foi posteriormente encontrado em outros locais globais, bem como no Brasil durante os anos subsequentes - mas em nenhum lugar, mesmo quando examinado com maior escrutínio, ele estava causando os aumentos previstos de microcefalia.[221]

A vida das pessoas virou de cabeça para baixo com o medo da pandemia do Zika. Se o Zika foi um alarme falso, o que podemos aprender com ele para evitar alarmes falsos semelhantes no futuro? Muitas emergências, muitos alarmes podem nos fazer começar a ignorar esses avisos. "*Fadiga de alarmes*"[222] minimiza as reações necessárias quando surge uma ameaça real.[223]

Não podemos recuperar os bilhões gastos na investigação do Zika, mas "no fim do dia" muito poucas evidências dessa conexão foram encontradas. Segundo a própria Secretaria de Vigilância em Saúde do Brasil, em 2017:[224]

"Tendo em vista o aparente ressurgimento da infecção por ZIKA... no início de 2016, previamos um novo aumento nos casos de microcefalia no final do ano. Mas tal ressurgimento não aconteceu."[225]

A mídia de notícias tem alguma responsabilidade. "Furo de reportagem" é uma frase frequentemente associada à indústria de geração de notícias, a mídia. O valor noticioso, a determinação de quais histórias recebem o maior faturamento, se resume a uma variedade de fatores - mas, sem dúvida, os mais sinistros chegam ao topo: isso significa violência, conflito, destruição, medo, mistério. Notícias "chocantes" atraem e mantêm os telespectadores, a melhor forma de manter os anunciantes felizes e o mercado de notícias à tona. Retratações mostram falibilidade e minam o senso de confiabilidade dos próprios apresentadores.[226] A humildade não traz dividendos para jornalistas (ou cientistas).

De acordo com Adam Marcus do "Retraction Watch", um meio de comunicação não tem a obrigação legal de revisitar a peça original.[227] Dito isso, quando questionado se achava que uma revista tinha o dever de emitir um esclarecimento ou retratação sob tais circunstâncias, ele disse: *"Eticamente, acho que eles deveriam considerar o acompanhamento de suas reportagens originais".*

Nesse ínterim, a repetição constante do "factoide"[228] trouxe sua própria "ilusão da verdade".[229] A mente humana individual e socialmente se apega àquilo que é "a verdade do evangelho", em parte por ter sido ouvido repetidamente.

É duvidoso que alguém no Brasil, desde cientistas pesquisadores até mães de bairros afetados pelo susto do Zika, já tenha visto ou ouvido falar dessa ausência de uma explosão real de microcefalia (2015). Isso é uma vergonha. As mães que vivem no Brasil e nos trópicos se preocupam com o Zika. Nos EUA, o teste do Zika (e os temores resultantes) persiste.

Desconstruindo o Zika não recomenda uma versão científica do *"Tribunal Internacional de Justiça"* (em Haia), porque invariavelmente seria politizado. Idealmente, "o ar fresco é o melhor desinfetante": o equilíbrio do debate saudável coincide com a "verdade", de forma mais confiável do que qualquer outro método. Pessoas em profissões, seja mídia, ciência, política, medicina, precisam ser apenas isso, "profissionais" - e almejar a deliberação adequada - com revisões periódicas para se certificar de que as ideias fundamentais dentro de qualquer assunto são válidas.

Historicamente, os melhores cientistas são aqueles que duvidam da ciência subjacente. Nem sempre foi fácil para eles: do fato de Einstein ser ridicularizado[230] ao fato de Galileu ser levado a julgamento e forçado a se retratar sob ameaça de morte.

Embora os eventos recentes trouxeram algum ceticismo, o debate aberto e o diálogo científico ainda são possíveis, e permanecemos esperançosos de que haja independência suficiente na ciência, em suficientes lugares na terra e dentro de corações e mentes suficientes para permitir o surgimento de diferentes teorias, e um público de mente aberta adequadamente para absorvê-las. Uma boa quantidade de debate científico é anulada sob alegações de "desinformação". "Cale a boca" não é um ponto de debate adequado, mas é usado de forma bastante eficaz por aqueles que estão no poder para controlar a narrativa. Há razões para permanecer esperançoso: os cientistas (presumimos) todos começam como céticos neutros e naturais: questionando, experimentando e verificando e seguindo onde os resultados podem levar.

22. A Missão Inteiramente Diferente de Desconstruindo o Zika

Alívio Através do Conhecimento

Desconstruindo o Zika exigiu um ano de pesquisa completa e totalmente gratuita. Foi um empreendimento despertado pela curiosidade, tomado com devoção, completado como um desafio. O ***Desconstruindo o Zika*** questiona cada um dos três suportes sobre os quais se baseia a teoria da Zika-microcefalia - apenas um dos quais precisa ser instável para que a totalidade seja reexaminada - ou, se for falso, para que a conexão Zika-microcefalia seja invalidada.

O axioma Zika-microcefalia, criado às pressas, não verificado na época, trouxe instantaneamente um medo reverberante que o ampliou, através de casos que inundaram o local das reivindicações originais - um efeito colateral de compreensível cuidado materno extremo e diagnóstico médico excessivo. Este fenômeno causou um curto-circuito nas primeiras dúvidas científicas ativas, uma "Síndrome do Titanic" autogerada; um pânico que substituiu a deliberação ordeira por ações de emergência.

O caminho, o acidente e a tragédia do Titanic não tinham uma conspiração subjacente. Mas sim objetivos compartilhados entre funcionários e passageiros: salvar vidas; mulheres e crianças em primeiro lugar. Pode-se supor de maneira semelhante sobre todos os principais atores neste intenso drama do Zika-microcefalia: as melhores intenções e o desejo de fazer o melhor, de forma rápida e eficaz. Isso não quer dizer que qualquer uma das situações produziu o melhor resultado possível - embora os líderes do Titanic não tivessem escolhas reais: não havia tempo para reconsideração; nenhuma capacidade de redirecionar a tragédia inevitável.

Aqueles que navegam na teoria da microcefalia do Zika tiveram muito mais oportunidades de correção de curso. Os que tentaram fazer isso foram poucos. Mesmo agora, mais de cinco anos após o feliz fracasso na trajetória da teoria da conexão Zika-microcefalia - há uma ausência flagrante daqueles que são corajosos o suficiente para questionar a premissa original. À medida que o Zika crescia em destaque, certas carreiras também aumentavam. Da mesma forma, o financiamento de bolsas de pesquisa gerado pelo Zika cria uma dependência que os destinatários prefeririam não prejudicar. Os sinceros subsídios à microcefalia do Zika no Brasil para famílias infelizes fortaleceram ainda mais a síndrome.

Existem, obviamente, alguns paralelos com a "grande pandemia" de hoje, Covid 19 - embora tanto a SARS quanto sua variante, Covid-19, cheguem mais perto do padrão ouro da microbiologia de comprovar infecciosidade, reprodutibilidade de resultados, os "postulados de Koch"[231] do que o Zika: seguindo a lógica de que *"se isso, então aquilo"*.

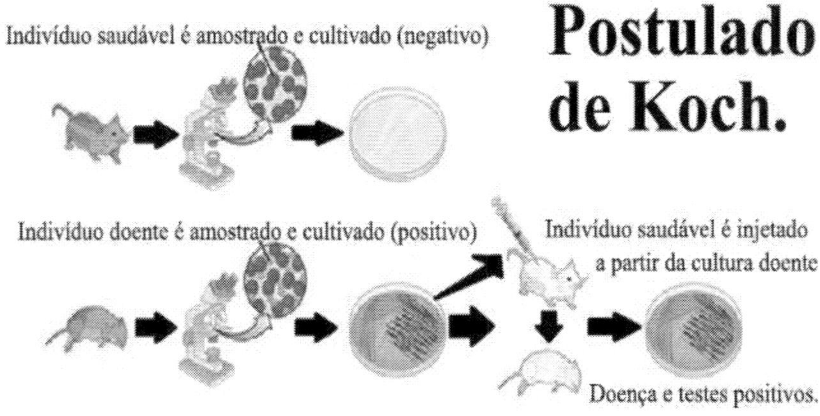

O micróbio cultivado do animal secundariamente injetado e infectado deve ser idêntico à cepa inicialmente isolada do indivíduo doente original.

O Zika segue esse caminho em parte: como a dengue, é reprodutivelmente infeccioso (embora muito mais leve) - mas sua síndrome de microcefalia proposta e associada não se repetiu mais tarde ou em outro lugar. Assim, a causalidade de zika para microcefalia falha no Postulado de Koch.

Introduzido no grupo adequado pré-vacina, digamos, os residentes de 85 anos de uma casa de repouso, o SARS-2 irá produzir e reproduzir seus danos de toda forma - não importa o país.

Por outro lado, o Zika NUNCA causou doença humana em qualquer lugar do planeta antes da reversão conjecturada dos casos de "dengue leve" no Brasil em 2015 - feita, é claro, sem testes de laboratório. E na sequência do turbilhão de rotular dengue leve como Zika, no ano seguinte, o Zika fracassou no Brasil e fracassou em todos os outros lugares do planeta: não trazendo a doença diretamente para a infecção e, ainda mais felizmente: não resultando em aumentos notáveis de defeitos de nascimentos congênitos, principalmente microcefalia.

"O Método Científico" tem quatro etapas para desenvolver hipóteses em teorias, teorias em "lei" científica.

1. Observe e descreva o fenômeno.
2. Crie uma hipótese que explique o fenômeno.
3. Use esta hipótese para tentar prever outros fenômenos relacionados ou os resultados de outro conjunto de observações.
4. Teste o desempenho dessas previsões usando experimentos independentes.[232]

HIPÓTESES, MODELOS, TEORIAS E DIREITO

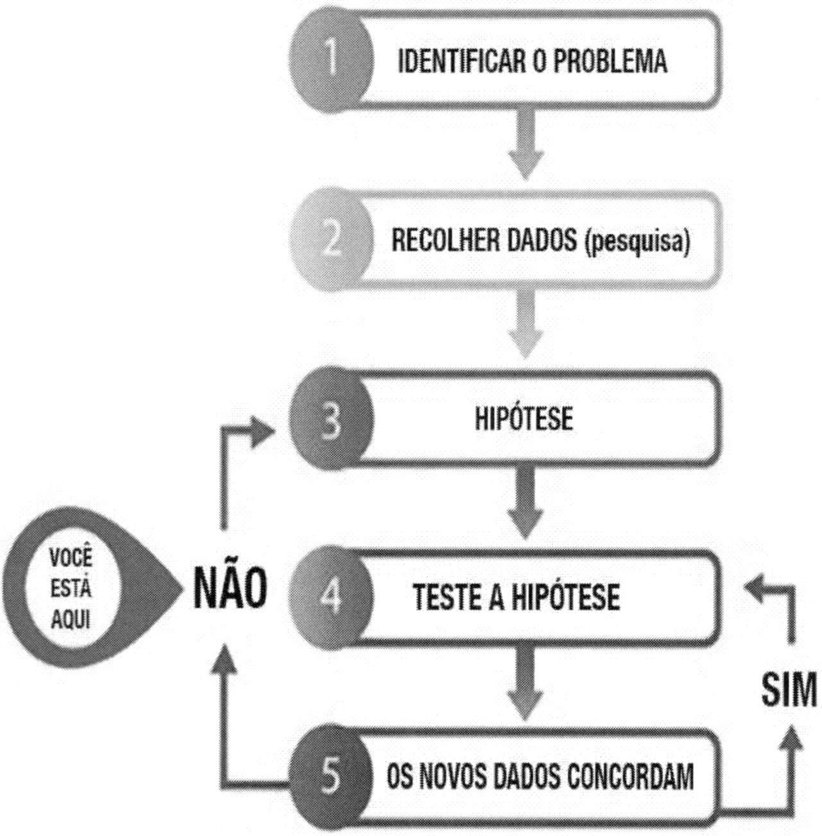

É antiético e desumano testar infecções perigosas em humanos, portanto, a etapa quatro pode levar algum tempo e um planejamento cuidadoso para criar as circunstâncias adequadas para avaliar a hipótese. Em vez disso, isso geralmente ocorre na experimentação natural entre diferentes grupos de pessoas. No caso do Zika-microcefalia, os experimentos-teste ocorreram quando o Zika (presume-se) viajou para outros países ou voltou a ocorrer no Brasil no ano seguinte.

Uma vez que o fenômeno Zika-microcefalia do nordeste do Brasil em 2015 não voltou a ocorrer no Brasil ou em qualquer outro lugar no ano subsequente, a resposta à pergunta #5, "**Os novos dados concordam**?" tornou-se "NÃO". **O Método Científico** requer, nesse ponto, retrabalhar ou abandonar a hipótese original.

Em suma, a dengue é endêmica no Brasil e é essencialmente o gêmeo biológico do Zika (para sempre inofensivo, nunca ativo em humanos até supostamente 2015). A dengue tem um milhão ou mais de casos sintomáticos por ano no Brasil e é transmitida justamente pelo mesmo mosquito, *Aedes aegypti,* também marcado como vetor do Zika. Ao reclassificar (sem confirmação laboratorial, em absoluto) certos casos leves de dengue, o Zika se tornou, de certa forma, o "*The People's Choice Award*"[233] entre médicos e pesquisadores intrépidos e semi-independentes um pouco fora da grade acadêmica brasileira.

Oportunidades profissionais de promoção coincidem com "direitos de nomeação" e a descoberta de doenças e síndromes até então desconhecidas. Este não foi o equivalente preciso do desastre da "fusão a frio", mas possivelmente existem semelhanças, no conjunto de médicos, pesquisadores e criadores de notícias do Zika-microcefalia que juntos promoveram uma narrativa não necessariamente coesa - mas de acordo com seus próprios indivíduos ou interesses de pequenos grupos.

O próprio nome do grupo de médicos (***CHIKV a missão***) **-** o canal preciso e essencial entre os dois eventos centrais: Zika na primavera, microcefalia no outono; resultando na criação da teoria do Zika-microcefalia pelo membro do grupo Dr. Brito -

não poderia ter sido mais claro sobre isso: fazer sua busca (iniciada meses antes de qualquer pensamento de reconfigurar a dengue como Zika) por um vírion novo no Brasil, uma jornada de heroísmo e ousadia, potencialmente uma missão espiritual. A inspiração para o título do grupo baseado em um filme, os jesuítas, promoveram uma utopia anticolonial com participação nos lucros. ***Desconstruindo o Zika*** sugere que a busca desses teóricos centrais por um novo vírion foi um substituto, em método e meio, para curar certos males sociais. Incrivelmente, a onda de microcefalia do Zika trouxe consigo a atenção do mundo e o impacto financeiro, pelo menos parcialmente. Esta é a história fascinante do Zika.

Completamente separadamente, no final do ano (outono de 2015; Recife, Brasil) uma epidemia de microcefalia foi declarada, sem quaisquer dados de comparação subjacentes ou registro federal para provar (ou refutar) o aumento declarado. Ocorrendo, principalmente como ocorreu, em uma área pobre do Norte do Brasil, uma "conspiração de interesses"[234] (incluindo cautela médica normal, simpatia pelos bebês pobres e suas mães - e uma boa quantidade de queixas políticas, misturadas com sensacionalismo da mídia) levou a história ao seu apogeu, especialmente depois que foi amarrada com o vírus Zika menos conhecido, mas também novo e, portanto, misterioso.

O fenômeno Zika-microcefalia consiste em três pernas separadas de um banquinho, todas as quais devem ser completamente sólidas e bem formadas para que fique em pé.

1. Os casos leves de dengue constituíam uma doença nova e diferente. O gêmeo biológico da dengue, o Zika, que

nunca foi uma doença humana e para o qual não havia testes disponíveis no Brasil na época, era essa nova doença.

2. As contagens não oficiais dos neuropediatras do Recife e os sentimentos de que havia mais microcefalia eram fatos, mesmo sem dados comparativos corroborantes disponíveis - muito menos sem métricas consistentes para medição e diagnóstico da síndrome.
3. Microcefalia, em geral, muito rara e com múltiplas causas, nenhuma das quais parece específica, e quase todas associadas com pobreza necessariamente, tinha que ter uma nova causa para esse aumento não verificado de casos, e essa nova causa era Zika, cujo gêmeo a dengue nunca havia causado tal síndrome, apesar de milhões de casos brasileiros.

Nenhuma dessas três pernas parecia cientificamente sólida, mesmo na época. Houve uma boa dose de ceticismo e contra-argumento para cada uma das três novas formulações separadas, mas essas não eram páreo para o novo ciclo turbulento.

O paradigma da roupa nova do imperador se consolidou nesse meio tempo. Há uma enorme quantidade de lastro científico e financeiro sustentando o status quo - e essencialmente nenhum questionamento de dentro da academia médica ou científica sobre os preceitos originais, apesar de nenhuma das terríveis previsões originais se concretizarem - por exemplo, mais de 1 milhão de nascimentos microcefálicos relacionados ao Zika por ano, em todo o mundo, principalmente nos trópicos, em perpetuidade!

As mulheres em todo o mundo ainda vivem sob um medo intenso de que sair de casa, deixando-se vulnerável a uma picada aleatória de mosquito, possa danificar irrevogavelmente a nova vida interior. Sempre há motivos suficientes para cautela e culpa, mas Zika (mais especificamente Zika-microcefalia) não é um deles, nem deveria ter sido.

Pessoas de todo o mundo (incluindo 3,3 bilhões nos trópicos) "deserve a break today" ("merecem uma pausa hoje")[235]. ***A MISSÃO do*** próprio ***Desconstruindo o Zika*** é fornecer alívio, por meio do conhecimento. Nem toda pandemia deve permanecer (indefinidamente). A microcefalia existe há tanto tempo quanto os próprios humanos e outros animais. Simplesmente não houve aumento no Brasil em 2015, não houve desde então no Brasil ou no mundo, com ou sem Zika. Retrações devem ser feitas.

Essas infindáveis diretivas e advertências sobre a pandemia do Zika não vêm sem um custo, e não apenas em todo o dinheiro de pesquisa desviado para um fenômeno sem fundamento. Mais de 100.000 nascimentos foram evitados somente no Brasil, e provavelmente o mesmo ou um número maior de famílias foram afetados de forma indireta em todo o mundo.

Numa altura em que não devemos "questionar a ciência", é importante pensar e determinar o que é realmente "ciência". A ciência tem duas definições subjacentes, ambas um conjunto de conhecimentos certos e fatos - e também o processo pelo qual eles são determinados e, a partir daí, presumivelmente continuamente questionados. Questionar a ciência é ciência. ***Desconstruindo o Zika*** espera servir como demonstração e lembrete de ambas as definições.

A teoria da microcefalia do Zika na academia científica pode estar à beira do precipício e um pouco além - um estágio bem conhecido por um certo Wile E. Coyote (do desenho animado Papa-Léguas), que não cairá até perceber não haver suporte para sua posição. ***Desconstruindo o Zika*** diz para centenas de milhões de pessoas nos trópicos, aparentemente ainda sob ameaça, e com medo contínuo do risco de Zika-microcefalia: "As coisas estão melhorando!" - e para a comunidade um tanto recalcitrante de pesquisadores do Zika: "Não olhe para baixo!"[236]

ÍNDICE

Notas de Rodapé

[1]Dr Nathi Mdladla - Terapia Intensiva - Hospital Acadêmico Dr. George Mukhari e Universidade Sefako Makgatho https://za.linkedin.com/in/dr-nathi-mdladla-47abbb3a.
[2]A Equipe - PANDA. (Pandemias) Pandata.org https://www.pandata.org/team/.
[3]Atualizações de resposta ao vírus Zika da FDA. https://www.fda.gov/emergency-preparedness-and- response/mcm-issues/zika-virus-response-updates-fda
[4]Carol Taccetta, MD, Consultora FCAP LinkedIn https://www.linkedin.com/in/carol-taccetta-md-fcap-50a620229/
[5]Steven P. Templeton, PhD. Indiana University School of Medicine https://medicine.iu.edu/faculty/21147/templeton-steven.
[6]INVESTIGANDO O "CRASH" DE ZIKA-MICROCEFALIA Randall S. Bock, MD The American Journal of Medicine 2/ 10/2022 https://doi.org/10.1016/j.amjmed.2022.01.040
[7]No Russiagate, Durham acusa a imprensa também Holman W. Jenkins, Jr. The Wall Street Journal 5/11/2021 https://www. wsj.com/articles/on-russiagate-durham-indicts-the-press-too-hoax-media-indictment-11636141080
[8] Liberal quando jovem, conservador quando velho.
[9]"Liçõesm the Burst Zika Bubble › American Greatness Randall S. BockAmerican Greatness 25/03/2020 https://amgreatness.com/2020/03/25/lessons-from-the-burst-zika-bubble/
[10] O Brasil está 'perdendo feio' a batalha contra o vírus Zika, diz o Ministro da Saúde - Zika vírus desencadeia chamadas para protelação da gravidez. James Keaten The Guardian 1/16/2016 https://www.theguardian.com/world/2016/jan/26/brazil-zika-virus-health -minister-armed-forces-erradicação
[11] Projeções baseadas em modelos de infecções pelo vírus Zika em mulheres grávidas nas Américas. s Perkins, T., et al. Nature, microbiology 25/07/2016 https://www.nature.com/articles/nmicrobiol2016126
[12] Prevalência de microcefalia em bebês nascidos de mulheres infectadas pelo vírus Zika: uma revisão sistemática e meta-análise. Coelho, António e cols. Revista Internacional de Ciências Moleculares 18/08/2017 https://pubmed.ncbi.nlm.nih.gov/28338754/
Prevalência de microcefalia 2,3% e quantas nascem a cada ano? 140 milhões, com populações em expansão nos trópicos, 40% da população mundial está em países tropicais. Então: a estimativa anterior de prevalência de microcefalia de 2,3% * 40% da população mundial em países tropicais * 140 milhões de nascimentos em todo o mundo = **1,3 milhões de nascimentos microcefálicos**; uma estimativa baixa (porque a taxa de natalidade é mais alta nos trópicos). Muitas estimativas foram maiores tanto na porcentagem de penetração quanto na disseminação mundial. Se o outro mosquito Aedes (albopictus) o tivesse transportado para regiões temperadas, esse resultado previsto teria sido uma ordem de magnitude maior.

[13] Menos bebês nasceram no Brasil em meio ao surto de Zika, diz estudo Susan Scutti, CNN 29/05/2018 https://www.cnn.com/2018/05/29/health/zika-brazil-births-study/index.html"
[14] Zika vírus nas Américas - mais uma ameaça por arbovírus | Anthony S. Fauci, MD, e David M. Morens, MD New England Journal of Medicine 18/02/2016 https://www.nejm.org/doi/full/10.1056/nejmp1600297#article_citing_articles
[15] Cepa Zika do Rajastão não ligada à microcefalia.A Hindu 3/11/2018 https://www.thehindu.com/sci-tech/health/rajasthan-zika-strain-not-linked-to-microcephaly/article25414057.ece#
[16] Pandemia do Zika: um desafio formidável para a medicina e a saúde pública Fauci, Anth ony S. Morens, David M O Jornal de doenças infecciosas 16/12/2017 https://academic.oup.com/jid/article/216/suppl_10/S857/4753668
[17] Zika gera um debate urgente sobre o aborto na América Latina. Dom Phillips, et ai. The Washington Post 08/02/2016 https://www.washingtonpost.com/world/the_americas/zika-prompts-urgent-debate-about-abortion-in-latin-america/2016/02/07/b4f3a718-cc6b- 11e5-b9ab-26591104bb19_story.html
Solicitações de aborto na América Latina relacionadas à preocupação com a exposição ao Zika vírus | NEJM "As informações e conselhos oficiais sobre a exposição potencial ao vírus Zika devem ser acompanhados de esforços para garantir que todas as opções reprodutivas sejam seguras, legais e acessíveis." July 28, 2016 N Engl J Med 2016; DOI: 10.1056/NEJMc1605389
[18] A Guerra Militarizada do Brasil contra o Zika. A Epidemia do Zika Vírus no Brasil: Da Descoberta às Implicações Futuras.Pinheiro de Oliveira, et al. Global Societies Journal, 4 5/28/2016 https://gsj.global.ucsb.edu/sites/secure.lsit.ucsb.edu.gisp.d7_gs-2/files/sitefiles/Deoliveira.pdf
[19] Zika Vírus Fora da África, em 2009 Zika Virus Outside Africa Hayes , Edward B Doenças infecciosas emergentes vol. 15,9 (2009): 1347-50 01/09/2009 https://www.ncbi.nlm.nih.gov/pmc/articles/PMC2819875/
e Epidemiologia do Vírus Zika Atual e Epidemias Recentes, julho de 2014. Epidemiologia atual do vírus Zika e epidemias recentes S. Ioos Médecine et Maladies Infectieuses 4 /29/2014
https://www.sciencedirect.com/science/article/pii/S0399077X14001085
Menos de 10 casos registrados antes de 2007. Propriedades Genéticas e Sorológicas do Zika Vírus Associadas a uma Epidemia, estado de Yap, Micronésia, 2007. 2007 Robert S. Lanciotti Emerging Infectious Diseases 8/1/ 2008
https://www.ncbi.nlm.nih.gov/pmc/articles/PMC2600394/
[20] Flaviviridae - Wikipedia e Flaviviridae https://veteriankey.com/flaviviridae/ e Visão Geral dos Flaviviridae com Ênfase nos Vírus do Grupo da Encefalite Japonesa. https://academic.oup.com/labmed/article/40/8/493/2504889
[21] Hepatite C na gravidez Hepatite C na gravidez N Hadžić Arquivos de Doenças na Infância - Edição Fetal e Neonatal 01/05/2001 https://fn.bmj.com/content/84/3/F201 e Hepatite C - Capítulo 4 - Livro Amarelo de 2020 | Saúde do Viajante. Philip Spradling cdc.gov/travel/yellowbook

https://wwwnc.cdc.gov/travel/yellowbook/2020/travel-related-infectious-diseases/hepatitis-c

[22] Visão Geral dos Flaviviridae com Ênfase nos Vírus do Grupo da Encefalite Japonesa Beth K. Schweitzer, et al. Medicina Laboratorial 01/08/2009 https://academic.oup.com/labmed/article/40/8/493/2504889

[23] Vírus | Texto completo grátis | Perspectivas Históricas na Pesquisa de Flavivírus Holbrook MR Perspectivas Históricas na Pesquisa de Flavivírus. Vírus 30/04/2017 42855

[24] Diretrizes Provisórias para a Avaliação de Bebês Nascidos de Mães Infectadas com o Vírus do Nilo Ocidental Durante a Gravidez. 27/02/2004 https://www.cdc.gov/mmwr/preview/mmwrhtml /mm5307a4.htm

[25] Febre quebra-ossos quebra-osso Wikipedia https://en.wikipedia.org/wiki/Break-bone_fever

[26] A Estrutura Antigênica do Vírus Zika e sua Relação com Outros Flavivírus Franz X. Heinz e Karin Stiasny Microbiologia e Biologia Molecular Comentários 2/ 8/2017 https://journals.asm.org/doi/10.1128/MMBR.00055-16

[27] "Vírus Origami - RockEDU Online" https://rockedu.rockefeller.edu/component/virus-origami/

[28] Flaviviruses have imperfect icosahedral symmetry https://www.pnas.org/doi/pdf/10.1073/pnas.1809304115

[29] Icosaedro truncado https://pt.wikipedia.org/wiki/Icosaedro_truncado

[30] Base Molecular da Estabilidade Diferencial e Sensibilidade à Temperatura do ZIKA versus Cascas Proteicas do Vírus da Dengue https://www.nature.com/articles/s41598-020-65288-3 Pindi, C., Chirasani, V.R., Rahman, M.H. et al.. Sci Rep 10, 8411 (2020). https://doi.org/10.1038/s41598-020-65288-3

[31] Impacto da imunidade induzida por vacina contra flavivírus na resposta primária de anticorpos ao vírus Zika em humanos Malafa S, Medits I, Aberle JH, Aberle SW, Haslwanter D, Tsouchnikas G, et al. (2020) PLoS Negl Trop Dis 14(2): e0008034. https://doi.org/10.1371/journal.pntd.0008034

[32] Biologia estrutural do vírus Zika e outros flavivírus Hasan SS, Sevvana M, Kuhn RJ, Rossmann MG. Nat Struct Mol Biol. 2018 Jan;25(1):13-20. doi: 10.1038/s41594-017-0010-8. Epub 2018 Jan 8. PMID: 29323278.

[33] A maturação dos flavivírus leva à formação de uma bolsa lipídica ocupada nas glicoproteínas de superfície Renner, M., Dejnirattisai, W., Carrique, L. et al Nat Commun 12, 1238 (2021). https://doi.org/10.1038/s41467-021-21505-9

[34] Distinção sem diferença. https://en.wikipedia.org/wiki/Distinction_without_a_difference

[35] Visão geral da semelhança entre os vírus dengue e Zika, o que podemos aprender com a experiência saudita com a dengue? Alshammari SA, Alamri YS, Rabhan FS, Alabdullah AA, Alsanie NA, Almarshad FA, Alhaqbani AN. Int J Health Sci (Qassim). 2018 Jan-Feb;12(1):77-82. PMID: 29623022; PMCID: PMC5870307.

[36] A história do vírus Zika. Organização Mundial da Saúde 07/02/2016 https ://www.who.int/news-room/feature-stories/detail/the-history-of-zika-virus

[37] Dengue no Brasil: Perspectiva Passado, Presente e Futuro. Luiz Tadeu Moraes Figueiredo Boletim Dengue 12/1/2003 https ://apps.who.int/iris/bitstream/handle/10665/163881/dbv27p25.pdf
[38] Teste de Diagnóstico do Vírus da Dengue e Zika para Pacientes com Doença Clinicamente Compatível e Risco de Infecção com Ambos os Vírus. Sharp, Tyler M et al MMWR. Recomendações e relatórios : Relatório semanal de morbidade e mortalidade. Recomendações e relatórios vol. 68,1 1-10. 14/06/2019 https://www.ncbi.nlm.nih.gov/pmc/articles/PMC6581290/
Abreviações: IgM = imunoglobulina M; NAAT = teste de amplificação de ácido nucléico; PRNT = teste de neutralização por redução de placa.
[39] Painéis de Biomarcadores Multiplexados Discriminam a Infecção pelo Vírus Zika e Dengue em Humanos, 2018. Song G, Rho HS, et al. Painéis de biomarcadores multiplexados discriminam a infecção pelo vírus Zika e Dengue em humanos. Proteômica de células moles. 01/02/2018 https://pubmed.ncbi.nlm.nih.gov/29141913/
[40] Rudolf Virchow - Wikipedia https://pt.wikipedia.org/wiki/Rudolf_Virchow e Fatos e ideias de qualquer lugar. William C. Roberts, MD Proceedings (Baylor University. Medical Center) doi:10.1080/08998280.2009.11928563
[41] Dengue: preocupação acentuada. GERAL 19.05.2015 https://coopmedrn.org.br/geral/dengue-preocupacao-acentuada/
[42] Como uma pequena equipe de médicos convenceu o mundo a parar de ignorar o Zika. LIZ BRAGA NEWSWEEK MAGAZINE 29/02/2016 https:/ /www.newsweek.com/2016/03/11/zika-microcephaly-connection-brazil-doctors-431427.html
[43] Zika vírus no Brasil - A resposta do SUS. Ministério da Saúde, Brasil 14/06/2017 https://bvsms. saude.gov.br/bvs/publicacoes/virus_zika_brasil_resposta_sus.pdf
[44] Expansão global do vírus Chikungunya: mapeando a história de 64 anos. Braira Wahid, et al. Revista Internacional de Doenças Infecciosas Volume 58, Maio 2017, Páginas 69-76 01/05/2017 https://www.sciencedirect.com/science/article/pii/S1201971217300899"
[45] Exposição Ocupacional a Neurotóxicos: Levantamento Preliminar em Cinco Indústrias do Polo Petroquímico de Camaçari. M. Kato, et al. Pesquisa Ambiental 01/04/1993 https://www.sciencedirect.com/science/article/abs/pii/S0013935183710571
[46] "Zika: Do Sertão nordestino à ameaça global" Debora Diniz; 15/09/2017 https://www.amazon.com/Zika-Brazilian-Backlands-Global-Threat/dp/1786991586 e Surto do Vírus Zika, Bahia, Brasil. Campos GS, Bandeira AC, Sardi SI. Emerg Infect Dis. 2015 Oct;21(10):1885-6. doi: 10.3201/eid2110.150847. PMID: 26401719; PMCID: PMC4593454.
[47] Identificado vírus causador de doença misteriosa em Salvador e RMS. globo.com Bahia 29/04/2015 http://g1.globo.com/bahia/noticia/2015/04/identificado-virus-causador-de-doenca-misteriosa-em-salvador-e-rms.html
[48] "Zika: Do Sertão nordestino à ameaça global" Debora Diniz.

[49] Satélite: diagnósticos de casos de Zika na Bahia podem estar errados. Jairo Costa Junior correio 05/08/2015 https://www.correio24horas.com.br/noticia/nid/satelite-diagnosticos-de-casos-de-zika-na-bahia-podem-estar-errados/

[50] Primeiro relato de transmissão autóctone do vírus Zika no Brasil. Zanluca C, Melo VC, Mosimann AL, Santos GI, Santos CN, Luz K. Mem Inst Oswaldo Cruz. 2015 Jun;110(4):569-72. 09/06/2015 https://pubmed.ncbi.nlm.nih.gov/26061233/

[51] "Zika: Do Sertão nordestino à ameaça global" Debora Diniz.

[52] Ibid, "Zika: Do Sertão nordestino à ameaça global" Debora Diniz.

[53] Carlos BRITO | Professor (associado) | Professor; MD; MSc; PhD | Universidade Federal de Pernambuco, Recife. Universidade Federal de Pernambuco, Recife https://www.researchgate.net/profile/Carlos-Brito-11

[54] Zika / Microcefalia: 'É um novo capítulo na história da medicina'. Entrevista com Carlos Brito, Novembro de 2015.

[55] Ibid, Como Uma Pequena Equipe de Médicos Convenceu o Mundo a Parar de Ignorar o Zika.

[56] A Dra. Vanessa van der Linden Mota pode ter olhado para o óbvio: gêmeos têm taxas mais altas de microcefalia. Os dois artigos a seguir mostram que o parto de gêmeos está associado a uma menor taxa de crescimento intra-uterino, e bebês menores são associados à microcefalia (com ou sem retardo mental). sIUGR em Gêmeos | Prognóstico & Cuidados Children's Minnesota https://www.childrensmn.org/services/care-specialties-departments/fetal-medicine/conditions-and-services/siugr/ e Fatores associados ao pequeno perímetro cefálico no nascimento entre bebês nascidos antes da 28ª semana. McElrath, Thomas F et ai. Jornal americano de obstetrícia e ginecologia 22/11/2010 doi:10.1016/j.ajog.2010.05.006

[57] Os Médicos Brasileiros que Soaram o Alarme Sobre Zika e Microcefalia Reed Johnson e Rogerio Jelmayer The Wall Street Journal 29/01/2016 https://www.wsj.com/articles/the-brazilian-doctors-who-sounded-alarm-on-zika-and-microcephaly-1454109620

[58] Primeiro relato de transmissão autóctone do vírus Zika no Brasil Externo.Zanluca C, Melo VC, Mosimann AL, Santos GI, Santos CN, Luz K. Mem Inst Oswaldo Cruz 01/06/2015 https://pubmed.ncbi.nlm.nih.gov/26061233/ /

[59] Epidemiologia de outros flavivírus transmitidos por artrópodes que infectam humanos. Loja RE. Avanços na Pesquisa de Vírus 01/06/2003 https://pubmed.ncbi.nlm.nih.gov/14714437/

[60] "Zika: Do Sertão nordestino à ameaça global" Debora Diniz.

[61] Como avaliar e apoiar a criança com microcefalia. Francesca Seregni, Alasdair PJ Parker SIMPÓSIO: NEUROLOGIA| VOLUME 28, EDIÇÃO 10, P468-473, 01/10/2018 https://www.paediatricsandchildhealthjournal.co.uk/article/S1751-7222(18)30163-X/fulltext

[62] Testes TORCH(s). medlineplus.gov https://medlineplus .gov/ency/article/003350.htm

[63] "Zika: Do Sertão nordestino à ameaça global" Debora Diniz.

[64] Vírus Zika: médica brasileira fala em ligar os pontos entre a microcefalia e a doença.JON LAPOOK CBS NEWS 2/8/2016 https://www.cbsnews.com/news/zika-virus-brazilian-doctor-vanessa-van-der- linden-explains-connecting-dots-between-microcephaly/
[65] Vanessa van der Linden Mota - O Diálogo https://www.thedialogue.org/vanessa-van-der-linden-mota/
[66] Ibid Vírus Zika: médica brasileira fala em ligar os pontos entre a microcefalia e a doença.
[67] Síndrome de TORCH(s) - toxoplasmose, herpes varicela, "outro" parvovírus, rubéola, citomegalovírus, sífilis. Organização Nacional para Distúrbios Raros https://rarediseases.org/rare-diseases/torch-syndrome/
[68] Dra. Vanessa van der Linden Mota - 2014, gerente médica, AACD-PE https://aacd.org.br/
Dr. Hélio Van der Linden Jr., neuropediatra https://www.linkedin.com/in/helio-van-der-linden-junior-5a25732a/
Carlos Brito, Universidade Federal de Pernambuco. Vírus Zika: um novo capítulo na história da medicina.
https://pdfs.semanticscholar.org/cb7c/a460e9806c03e099adacf66d1760e02c64fc.pdf
[69] Op. cit. "Zika: Do Sertão nordestino à ameaça global" Debora Diniz.
[70] Cuidado com as estimativas exageradas de Zika. Até agora, a maioria dos relatos de defeitos congênitos não foram confirmados. Julia Belluz, Vox 2/2/2016 https://www.vox.com/2016/2/2/10898436/confirmed-zika-virus-microcephaly-cases
[71] 30 anos de casos fatais de dengue no Brasil: uma revisão - BMC Public Health. Nunes, P.C.G., Daumas, R.P., Sánchez-Arcila, J.C. et al. (2019). https://doi.org/10.1186/s12889-019-6641-4
[72] Ibid, Como Uma Pequena Equipe de Médicos Convenceu o Mundo a Parar de Ignorar o Zika.
[73] Viés de seleção. https://en.wikipedia.org/wiki/Selection_bias
[74] Viés de ausência de cegamento Nunan D, Heneghan C. Catalog Of Bias 23/02/2018 https://catalogofbias.org/biases/lack-of-blinding/
[75] Ibid Viés do observador. Mahtani K, Spencer EA, Brassey
[76] Ibid Viés de memória
[77] Possível Associação Entre Infecção pelo Vírus Zika e Microcefalia - Brasil, 2015 | MMWR . Schuler-Faccini L, et ai. MMWR 29/01/2016 https://www.cdc.gov/mmwr/volumes/65/wr/mm6503e2.htm
[78] Ministério da Cidadania concede pensão vitalícia a crianças com microcefalia: nascidas entre 2015 e 2018 que já recebem o Benefício de Dinheiro Continuado têm pensão especial garantida". CIDADANIA Secretaria Especial de Desenvolvimento Social 04/09/2019 http://mds.gov.br/area-de-imprensa/noticias/2019/setembro/ministerio-da-cidadania-concede-pensao-vitalicia-a-criancas-com -microcefalia
[79] Aqui está a matemática: 0,1% dessas 500 gestações com Zika seriam, em média, menos de um parto com microcefalia grave por ano. Normalmente ocorrem cerca de 3 milhões de nascimentos por ano no Brasil. Uma taxa de 0,03% de todas as gestações com microcefalia grave renderia cerca de 900. Portanto, entre aquelas

microcefálicas graves, apenas cerca de uma em mil (ou menos) seria atribuível ao Zika em 2017 e 2018 (se o Zika faz isso, realmente. Lembre-se que dengue não o faz, e os dois são quase gêmeos).

[80] A fusão a frio morreu há 25 anos, mas a pesquisa continua.Stephen K. Ritter Chemical & Engineering News, Volume 94, Edição 44 11/7/2016 https://cen.acs.org/articles/94/i44/Cold-fusion-died-25-years.html

[81] O Science Journal sugere a possibilidade de fraude na Texas A&M Cold Fusion Research AP, junho de 1990 PAUL RECER AP NEWS 15/06/1990 https://apnews.com/article/2814ebed21ecd7c5062d590eff713cb7

[82] O Dilema da Fusão a Frio na Texas A&M. Science Magazine 15/06/1990 http://newenergytimes.com/v2/sr/taubes-fraud-depiction/ SCIENCE-ColdFusionConundrumAtTexasA&M.pdf

[83] A Reabilitação do Ovo Em Cinquenta Anos. McNamara, Donald J. Nutrients 21/10 /2015 https://www.ncbi.nlm.nih.gov/pmc/articles/PMC4632449/

[84]Integrando evidências, política e sociedade: uma metodologia para a interface ciência-política Horton, P., Brown, GW Nature Magazine 4/17 /2018 https://www.nature.com/articles/s41599-018-0099-3

[85] Natureza Humana Básica: Pode Ser Mudada? Matt Ridley November 5, 2011 https://online.wsj.com/article/SB10001424052970204528204577011681658907746.html

[86] Quadrinho XKCD. https://xkcd.com/435/ Randall Munroe Um webcomic de romance, sarcasmo, matemática e linguagem

[87] I know it when I see it - Wikipedia. https://en.wikipedia.org/wiki/I_know_it_when_I_see_it

[88] Teoria - Wikipedia. https://pt.wikipedia.org/wiki/Teoria

[89] Possível associação entre Zika Infecção por Vírus e Microcefalia — Brasil, 2015 | MMWR. Schuler-Faccini L, Ribeiro EM, Feitosa IM, et al. MMWR Morb Mortal Wkly Rep 2016;65:59–62. 29/01/2016 https://www.cdc.gov/mmwr/volumes/65/wr/mm6503e2.htm

[90] O Zika e a Microcefalia: o Júri Ainda Está Decidindo. Michael Smith MedPage Today 01/02/2016 https://www.medpagetoday.com/neurology/generalneurology/55953

[91] Vigilância da população para microcefalia. Russell S Kirby BMJ 13/09/2016 https://www.bmj.com/content/354/bmj.i4815 Microcefalia

[92] Microcefalia relacionada à infecção após os surtos de Zika vírus de 2015 e 2016 no Brasil: uma análise baseada em vigilância. Dr Wanderson Kleber de Oliveira, PhD et al. The Lancet 21/06/2017 Microcefalia https://www.thelancet.com/journals/lancet/article/PIIS0140-6736(17)31368-5/fulltext

[93] Ibid Microcefalia relacionada à infecção após os surtos de Zika vírus de 2015 e 2016 no Brasil: uma análise baseada em vigilância.

[94]Op cit Como uma pequena equipe de médicos convenceu o mundo a parar de ignorar o Zika.

[95] Post hoc ergo propter hoc - Wikipedia. https://en.wikipedia.org/wiki/Post_hoc_ergo_propter_hoc
[96] Jonathan Swift (1667-1745). Mentira Política. Vol. III. Século XVII. Mentira política de Jonathan Swift https://www.bartleby.com/209/633.html
[97]Fatos sobre Microcefalia cdc.gov 23/10/2020 https://www.cdc.gov/ncbddd/birthdefects/microcephaly.html
[98] Parâmetro de prática: avaliação da criança com microcefalia (uma revisão baseada em evidências) Stephen Ashwal, MD et al. Academia Americana de Neurologia 28/06/2013 https://www.aan.com/PressRoom/home/GetDigitalAsset/8479
[99] Microcefalia primária autossômica recessiva. https://medlineplus.gov/genetics/condition/autosomal-recessive-primary-microcephaly
[100]Investigando a microcefalia | Registros de doença na infância. Woods CG, Parker A Archives of Disease in Childhood 23/10/2020 https://adc.bmj.com/content/98/9/707
[101]A Epidemia de Microcefalia Relacionada ao Zika Vírus no Brasil: Detecção, Controle, Etiologia , e Cenários Futuros Teixeira, Maria G et al. Revista americana de saúde pública vol. 106,4 (2016): 601-5. 01/04/2016 https://www.ncbi.nlm.nih.gov/pmc/articles/PMC4816003/
[102]Possível associação entre infecção pelo vírus Zika e microcefalia — Brasil, 2015 Schuler-Faccini, Lavinia, et al. Relatório Semanal de Morbidade e Mortalidade 29/01/2016 https://www.jstor.org/stable/24856988
[103] Estimativa estatística para grandes números de eventos raros. https://www.ling.upenn.edu/courses/cogs502/LNRE.html Mark Liberman and Stephen Isard IGERT Lab, Institute for Research in Cognitive Science
[104] Essas 4 cores podem ser o beijo da morte na venda de sua casa. Megan Elliott MarketWatch 27/10/2018 https://www.marketwatch.com/story/these-4-colors-can-be-the-kiss-of-death-when-selling-your-home-2016-08- 23
[105] Através do Ministério da Saúde. https://www.gov.br/saude/pt-br
[106] Op cit Cuidado com as estimativas exageradas de Zika. Até agora, a maioria dos relatos de defeitos congênitos não foram confirmados.
[107]Microcefalia no nordeste do Brasil: um estudo retrospectivo em neonatos nascidos entre 2012 e 2015 Soares de Araújo, Juliana Sousa et al . Boletim da Organização Mundial da Saúde vol. 94,11 (2016): 835-840. 01/11/2016 https://www.ncbi.nlm.nih.gov/pmc/articles/PMC5096352/
[108] Ibid Microcefalia no Nordeste do Brasil: um estudo retrospectivo em neonatos nascidos entre 2012 e 2015.
[109]Dra Sandra da Silva Mattos - Relatório de Saúde. Dra Sandra da Silva Mattos 08/02/2016 https://www.abc.net.au/radionational/programs/healthreport/sandra-mattos/7149084
[110] Op cit Microcefalia no Nordeste do Brasil: um estudo retrospectivo em neonatos nascidos entre 2012 e 2015.
[111] Ibid Microcefalia no Nordeste do Brasil: um estudo retrospectivo em neonatos nascidos entre 2012 e 2015.
[112] Imagem. Ibid

[113]"O Zika é o responsável pelo surto de microcefalia no Brasil? - ABC." 8 de fevereiro de 2016, https://www.abc.net.au/radionational/programs/healthreport/is-zika-responsible-for-brazils-microcephaly-outbreak/7148978
[114] Cronograma de emergência do vírus Zika nas Américas - "Public Health Emergency of International Concern (PHEIC)". https://www3.paho.org/hq/index.php?option=com_content&view=article&id=11959:timeline-of-emergence-of-zika-virus-in-the-americas&Itemid=41711&lang=en
[115] Projeções baseadas em modelos de infecções pelo vírus Zika em mulheres grávidas nas Américas. Perkins, T., Siraj, A., Ruktanonchai, C. et al. Nat Microbiol 1, 16126 (2016). 25/07/2016 https://www.nature.com/articles/nmicrobiol20161266
[116]Escola de Medicina da Universidade de Washington. (2020, 18 de fevereiro). Por que o vírus Zika causou os danos cerebrais mais prejudiciais aos recém-nascidos brasileiros: descobertas ajudam a explicar por que os casos de microcefalia são menos comuns em outros surtos de Zika. ScienceDaily. Recuperado em 1º de abril de 2022 em www.sciencedaily.com/releases/2020/02/200218163106.htm
[117] Transmissão do vírus Zika da Polinésia Francesa para o Brasil Musso D. Doenças Infecciosas Emergentes. 2015;21(10):1887 10/1/2015 https://wwwnc.cdc.gov/eid/article/21/10/15-1125_article
[118] Surto do vírus Zika e o risco para a Europa Notícias Item: ZIKA - competência de Espécies de vetores Aedes aegypti e albopictus OMS https://www.euro.who.int/en/health-topics/health-emergencies/zika-virus/zika-virus-outbreak-and-the-risk-to-europe2
e News Item: ZIKA - competência das espécies de vetores Aedes aegypti e albopictus. https://www.euro.who.int/__data/assets/pdf_file/0007/304459/WEB-news_competence-of-Aedes-aegypti-and-albopictus-vector-species.pdf
[119] Gráficos e tabelas de prevalência | Plataforma EU RD. https://eu-rd-platform.jrc.ec.europa.eu/eurocat/eurocat-data/prevalence_en
[120] Vigilância com base na população para defeitos congênitos potencialmente relacionados à infecção pelo vírus Zika - 22 estados e territórios, de janeiro de 2016 a junho de 2017 | MMWR.
[121] Op cit Transmissão do vírus Zika da Polinésia Francesa para o Brasil, Didier Musso.
[122] Os cientistas estão perplexos com a trajetória do Zika na América Latina. Dom Phillips and Nick Miroff October 25, 2016 https://www.washingtonpost.com/world/the_americas/scientists-are-bewildered-by-zikas-path-across-latin-america/2016/10/25/5e3a992c-9614-11e6-9cac-2a3574e296a6_story.html
[123] Gravidez e Rubéola.https://www.cdc.gov/rubella/pregnancy.html
[124]Consequências da rubéola materna confirmada em fases sucessivas da gravidez Miller E, Cradock-Watson JE, Pollock TM . Lanceta. 9 de outubro de 1982;2(8302):781-4. 10/9/1982 https://pubmed.ncbi.nlm.nih.gov/6126663/
[125] Administração de Gestações com infecção fetal por citomegalovírus confirmada Benoist G, et al. Diagnóstico e Terapia Fetal 4/6/2013 https://www.karger.com/Article/Fulltext/342752# Considerando qualquer

deficiência CNS (perda de audição, atraso mental, paralisia cerebral, convulsões, coriorretinite auditiva), 11 de 34 (32%) casos de citomegalovírus no primeiro trimestre foram afetados.

[126] Eficácia do tratamento pré-natal para toxoplasmose congênita: uma meta-análise de dados de pacientes individuais. A meta-análise de dados de pacientes individuais descobriu que o risco bruto de lesões oculares diagnosticadas no primeiro ano de vida foi de 14% na coorte europeia e 47% nas coortes sul-americanas. The SYROCOT (Systematic Review on Congenital Toxoplasmosis) grupo de estudo The Lancet 1/13/2007 https://www.thelancet.com/journals/lancet/article/PIIS0140-6736(07)60072-5/fulltext

[127]Teratogênese induzida pela talidomida: história e mecanismos Vargesson, Neil. Pesquisa de defeitos congênitos. Parte C, Embrião hoje: comentários vol. 105,2 (2015): 140-56. 01/06/2015 https://www.ncbi.nlm.nih.gov/pmc/articles/PMC4737249/

[128] Op cit Possível associação entre infecção pelo vírus Zika e microcefalia - Brasil, 2015.

[129] Op cit Microcefalia no Nordeste do Brasil: um estudo retrospectivo em neonatos nascidos entre 2012 e 2015.

[130]Prevalência e fatores de risco para microcefalia ao nascer no Brasil em 2010 Silva AA, Barbieri MA, Alves MT, et al. Pediatria. 2018;141(2) 09/10/2017 https://pediatrics.aappublications.org/content/pediatrics/141/2/e20170589.full.pdf

[131] Imagem. Epidemia de microcefalia relacionada ao vírus Zika e condições de vida em Recife, Nordeste do Brasil Souza, W.V., Albuquerque, M.d.F.P.M., Vazquez, E. et al. BMC Public Health 18, 130 (2018). https://doi.org/10.1186/s12889-018-5039-z https://bmcpublichealth.biomedcentral.com/articles/10.1186/s12889-018-5039-z/figures/3

[132] Op cit Epidemia de microcefalia relacionada ao vírus Zika e às condições de vida em Recife, Nordeste do Brasil.

[133] No Brasil as feridas da escravidão não cicatrizam. Thomas Milz Deutsche Welle 13/05/2018 https://www.dw.com/en/in-brazil-the-wounds-of-slavery-will-not-heal/a-43754519

[134] Nossa(s) favela(s) Hanne H Fellers http://www.passport2freedom.org/home/home-3/favela/

[135] Comunicação pessoal com estudante brasileiro.

[136]Os médicos brasileiros que soaram o alarme sobre zika e microcefalia Reed Johnson e Rogerio Jelmayer The Wall Street Journal 29/01/2016 https://www.wsj.com/articles/the-brazilian-doctors-who-sounded-alarm-on -zika-and-microcephaly-1454109620

[137] As Crianças de Uma Favela Brasileira Que Literalmente Nadam no Lixo.https://www.vice.com/pt/article/kwpwja/the-brazilian-slum-children-who-are-literally-swimming-in-garbage-0000197-v21 Talita Corrêa Vice 30/01/2014 https://www.vice.com/en/article/kwpwja/the-brazilian-slum-children-who-are-literally-swimming-in-garbage-0000197-v21n1

[138] Esgoto Urbano no Brasil: Motores e Obstáculos ao Tratamento e Reutilização de Águas Residuais. Katharina MK Stepping Deutsches Institut für Entwicklungspolitik 26/2016 https://www.die-gdi.de/uploads/media/DP_26.2016.pdf
[139] Composição Étnica do Brasil - Wikipedia. https://pt.wikipedia.org/wiki/Composi%C3%A7%C3%A3o_%C3%A9tnica_do_Brasil
[140]Parâmetro de prática: Avaliação da criança com microcefalia (uma revisão baseada em evidências) Stephen Ashwal, MD et al. AAN Enterprises, Inc 7/7/2009 https://www.aan.com/PressRoom/home/GetDigitalAsset/8479
[141]Crescimento e desigualdades de altura no Brasil (1939-1981) Monasterio, Leonardo M e Noguerol, Luiz Paulo Munich Personal RePEc Arquivo 01/08/2005 https://mpra.ub.uni-muenchen.de/769/1/MPRA_paper_769.pdf
[142]Estreitando a desigualdade socioeconômica na baixa estatura infantil: a experiência brasileira, 1974-2007 Monteiro CA, Benicio MH, Conde WL, Konno S, Lovadino AL, Barros AJ, Victora CG. Bull World Health Organ. 2010 abr;88(4):305-11. 01/04/2010 https://pubmed.ncbi.nlm.nih.gov/20431795/
e Altura média masculina por país. https://www.averageheight.co/average-male-height-by-country
[143]Prevalência e fatores de risco para microcefalia ao nascer no Brasil em 2010 Antônio A. Silva, et al. Pediatria fevereiro de 2018; 141 (2) 01/02/2018 https://publications.aap.org/pediatrics/article/141/2/e20170589/38041/Prevalence-and-Risk-Factors-for-Microcephaly-at
[144] Microcefalia pré-Zika no Brasil: mais perto da linha de base indescritível e novas questões levantadas. Elizabeth Dufort, Jennifer White Pediatrics fevereiro de 2018; 141 (2): e20173811. 01/02/2018 https://publications.aap.org/pediatrics/article/141/2/e20173811/38051/Pre-Zika-Microcephaly-in-Brazil-Closer-to-the
[145] Arquivo: Distribuição global do Aedes aegypti - Wikipedia. https://en.wikipedia.org/wiki/File:Global_Aedes_aegypti_distribution_(e08347).png
[146]Risco de microcefalia após infecção pelo vírus Zika no Brasil, 2015 a 2016. Jaenisch, Thomas et al. Boletim da Organização Mundial da Saúde vol. 95,3 (2017): 191-198 01/03/2017 https://www.ncbi.nlm.nih.gov/pmc/articles/PMC5328112/
[147] Dados do Google Trends. https://trends.google.com/trends/explore?date=2015-10-05%202016-05-05&geo=BR&q=microcefalia
[148] Infecção pelo Zika Vírus e Distúrbios Neurológicos Associados no Brasil | NEJM. de Oliveira, Wanderson; Christopher Dye, et ai. New England Journal of Medicine 29/03/2017 https://www.nejm.org/doi/full/10.1056/nejmc1608612
[149]Análises perinatais de anticorpos neutralizantes específicos para vírus Zika e dengue: Um estudo caso-controle de microcefalia em uma área de alta endemicidade de dengue no Brasil Castanha PMS, et ai. Doenças Tropicais Negligenciadas, The Public Library of Science 11/03/2019 https://pubmed.ncbi.nlm.nih.gov/30856223/
[150]Mistério médico: por que o número de novos casos de microcefalia no Brasil caiu em 2016? Michaeleen Doucleff NPR 30/03/2017

https://www.npr.org/sections/goatsandsoda/2017/03/30/521925733/why-didnt-zika-cause-a-surge-in-microcephaly-in-2016
[151] "Nunca deixe uma crise séria se desperdiçar"... canalizando Saul Alinsky; Frases de Rahm Emanuel. BrainyQuote.com 16/01/2022 https://www.brainyquote.com/citation/quotes/rahm_emanuel_409199
não Winston Churchill: Todas as "Citações" que Churchill Nunca Disse Richard Lang valem 08/11/2018 https://richardlangworth.com/quotes-churchill -never-said-1
[152] Surto do vírus Zika leva brasileiros a reexaminar leis estritas de aborto (publicado em 2016). Simon Romero The New York Times 2/3/2016 https://www.nytimes.com/2016/02/04/world /americas/zika-virus-brazil-abortion-laws.html
[153]Opinião | O Zika Vírus e o Direito de Escolha das Mulheres Brasileiras (Publicado em 2016) Debora Diniz The New York Times 08/02/2016 https://www.nytimes.com/2016/02/08/opinion/the-zika-virus-and- brazilian-womens-right-to-choose.html
[154]A Lei do Aborto Terapêutico da Califórnia: Uma Análise Brian Pendleton 19 Hastings LJ 242 1/1/1967 https://repository.uchastings.edu/cgi/viewcontent.cgi?article=1968&context=hastings_law_journal
[155] O Zika pode ter um lado positivo? - Caitlin Killian, 2017. Contextos, v. 16, não. 1, pp. 36–41 01/02/2017 https://journals.sagepub.com/doi/full/10.1177/1536504217696062
[156]Zika como um catalisador para a reforma dos direitos reprodutivos na América Latina GRACIE JIN yale global health review 14/05/ 2017 https://yaleglobalhealthreview.com/2017/05/14/zika-as-a-catalyst-for-reproductive-rights-reform-in-latin-america/
[157] As Leis do Aborto do Mundo. https://maps.reproductiverights.org/worldabortionlaws
[158] A praga vindoura: Doenças recentemente emergentes em um mundo fora de equilíbrio Laurie Garrett Picador 25/08/2020 https://www.barnesandnoble.com/w/the-coming-plague-laurie-garrett/1003040038
[159] Revisão: 'Zika' rastreia a trajetória de uma epidemia. Laurie Garrett The New York Times 28/07/2016 https://www.nytimes.com/2016/07/29/books/review-zika-tracks-the-trajectory- of-an-epidemic.html
[160] "Zika vírus e a hipocrisia de dizer às mulheres para atrasar a gravidez" Emma Saloranta Winiecki huffpost 29/01/2016 https://www.huffpost.com/entry/zika-virus-and-the-hypocrisy-of -dizendo-as-mulheres-para-atrasar-gravidez_b_ 9090476
[161]O Impacto do Surto de Zika em Mulheres e Meninas no Nordeste do Brasil | HRW Margaret Wurth, et al. Human Rights Watch 12/07/2017 https://www.hrw.org/report/2017/07/13/neglected-and-unprotected/impact-zika-outbreak-women-and-girls-northeastern
[162]RESENHAS DE LIVROS E FILMES de o sertão brasileiro à ameaça global Revisado por Meg Stalcup Paradigma Latente 13/09/2012 https://latentparadigm.wordpress.com/2012/09/13/big-industry/

[163] Revisão de Zika. Visão do Zika Meg Stalcup Medicina Antropologia Teoria 10/09/2018 http://www.medanthrotheory.org/article/view/4881/6824
[164]Ibid Zika - revisão por Meg Stalcup.
[165] Ibid Zika - revisão por Meg Stalcup.
[166]Zika: A epidemia emergente: McNeil Jr., Donald G.: 9780393353969. Donald G. McNeil Jr. WW Norton & Company; 1ª edição 28/06/2016 https://www.amazon.com/Zika-Emerging-Donald-McNeil-Jr/dp/0393353966
[167]Alarme se espalha no Brasil por vírus e surto de bebês malformados (Publicado em 2015) Simon Romero The New York Times 30/12/2015 https://www.nytimes.com/2015/12/31/world/americas/alarm-spreads-in-brazil-over-a-virus-and-a-surge-in- malformed-
[168] Arthur Chioro - Wikipedia. https://pt.wikipedia.org/wiki/Arthur_Chioro
[169] Ex-repórter do Times que usou calúnia racial publicou uma longa defesa.Marc Tracy The New York Times 01/03/2021 https://www.nytimes.com/2021/03/01/business/donald-mcneil-new-york-times-racial-slur.html
[170] Os EUA se tornam mais vulneráveis a doenças tropicais como o Zika Donald G. McNeil Jr. The New York Times 04/01/2016 https://www.nytimes.com/2016/01/05/health/us-becomes-more-vulnerable-to-tropical-diseases-like-zika.html
[171] A ascensão e propagação do vírus Zika. 03/07/2007 https://static01.nyt.com/packages/pdf/tbooks/rise_and_spread_of_the_zika_virus_nytimes_1026 16.pdf?mcid
[172]Financiamento da resposta ao zika: solicitação e ação do Congresso Susan B. Epstein , Sarah A. Lister Serviço de pesquisa do Congresso 9/30/2016 https://sgp.fas.org/crs/misc/R44460.pdf
[173]A aventura de Silver Blaze Arthur Conan Doyle As Memórias de Sherlock Holmes 15/12/1892 https://etc.usf.edu/lit2go/40/the-memoirs-of-sherlock-holmes/573/adventure-1-silver-blaze/
[174]Lições de Sherlock Holmes: Prestando atenção ao que não está lá Maria Konnikova SCIENTIFIC AMERICAN 23/08/2011 https://blogs.scientificamerican.com/guest-blog/lessons-from-sherlock-holmes-paying-attention-to-what -isnt-there
[175] CDC conclui que o Zika causa microcefalia e outros defeitos congênitos | CDC Online Newsroom. 4/13/2016 https://www.cdc.gov/media/releases/2016/s0413-zika-microcephaly.html
Tentativas de desmascarar as "notícias falsas" sobre epidemias podem fazer mais mal do que bem. Gary Stix SCIENTIFIC AMERICAN 2/14/2020 https://www.scientificamerican.com/article/attempts-at-debunking-fake-news -about-epidemics-might-do-more-harm-than-good/
A epidemia do vírus Zika 3 anos depois: uma perspectiva pessoal. G. Malinger Ultrasound In obstetrics and gynecology 12/18/2018 https://doi.org/10.1002/uog.20199

Infecção pelo vírus Zika - após a pandemia | NEJM, 10 de outubro de 2019. Didier Musso, MD, Albert I. Ko, MD, and David Baud, MD, Ph.D. NEJM 10/10/2019 https://www.nejm.org/doi/full/10.1056/NEJMra1808246

[176] A associação entre infecção pelo vírus Zika e microcefalia no Brasil 2015–2017: uma análise observacional de mais de 4 milhões de nascimentos Brady OJ, Osgood-Zimmerman A, Kassebaum NJ, Ray SE, de Araújo VEM, et al. PLOS Medicine 16(3): e1002755 3/5/2019 https://journals.plos.org/plosmedicine/article?id=10.1371/journal.pmed.1002755

[177] Maior susceptibilidade ao Zika vírus de populações globalmente invasivas de Aedes aegypti.Fabien Aubry, et al. SCIENCE • 20 Nov 2020 • Vol 370, Issue 6519 • pp. 991-996 11/20/2020 https://www.science.org/doi/10.1126/science.abd3663

[178] Mistério médico: Por que o número de novos casos de microcefalia no Brasil caiu em 2016?? Michaeleen Doucleff NPR 3/30/2017 https://www.npr.org/sections/goatsandsoda/2017/03/30/521925733/why-didnt-zika-cause-a-surge-in-microcephaly-in-2016

[179] Análises perinatais de anticorpos neutralizantes específicos aos vírus Zika e dengue: um estudo caso-controle de microcefalia.Castanha PMS, et al. Neglected Tropical Diseases, PLOS 3/11/2019 https://pubmed.ncbi.nlm.nih.gov/30856223//

[180] Uma única mutação ajuda o Zika moderno a causar defeitos congênitos Dina Fine Maron SCIENTIFIC AMERICAN 9/28/2017 https://www.scientificamerican.com/article/a-single-mutation-helps-modern-zika-cause-birth-defects1/

[181] A neurobiologia do vírus Zika: neurônio. Joseph G. Gleeson et al. Neuron, Cell magazine 12/7/2016 https://www.cell.com/neuron/comments/S0896-6273(16)30899-6

[182] Uma possível ligação entre piriproxifeno e microcefalia.A Possible Link Between Pyriproxyfen and Microcephaly Bar-Yam Y. et al. PLoS Curr. 2017 Nov 27;9 11/27/2017 https://pubmed.ncbi.nlm.nih.gov/29362686/

[183] (exceto os teóricos do piriproxifeno que não questionam tanto as duas primeiras conjecturas, mas propõem uma causa alternativa).

[184] Lyle R. Petersen, MD, MPH | CDC Online Newsroom. https://www.cdc.gov/media/spokesperson/sme-bio/petersen-l.html

[185] Virologista Paolo Zanotto. Arkady Petrov The Rio Times 6/7/2021 https://www.riotimesonline.com/brazil-news/tag/virologist-paolo-zanotto/

[186]Operation Warp Speed: Status acelerado do desenvolvimento da vacina COVID-19 e esforços para enfrentar os desafios de fabricação | US GAO Operation Warp Speed: Accelerated COVID-19 Vaccine Development Status and Efforts to Address Manufacturing Challenges | US GAO US Government accountability office https://www.gao.gov/2/11/2021 https://www.gao.gov/products/gao-21-319

[187] Jonas Schmidt-Chanasit, MD Diretor Adjunto do Centro Colaborador da OMS para Arbovírus e Febre Hemorrágica https://en.wikipedia.org/wiki/Jonas_Schmidt-Chanasit

[188] Médico ligado à OMS recomenda que mulheres em área com surto de zika evitem engravidar - BBC News Brasil Jonas Schmidt-Chanasit MD, 12/4/2015 https://www.bbc.com/portuguese/noticias/2015/12/151203_entrevista_oms_zika_rm

[189] Respostas curtas para perguntas difíceis sobre o vírus Zika. Short Answers to Hard Questions About Zika Virus. DONALD G. MCNEIL JR., CATHERINE SAINT LOUIS and NICHOLAS ST. FLEUR New York Times 7/29/2016 https://www.nytimes.com/interactive/2016/health/what-is-zika-virus.html

[190] OMS anuncia rótulos simples e fáceis de dizer para variantes de interesse e preocupação do SARS-CoV-2 WHO 5/31/2021 https://www.who.int/news/item/31-05-2021-who-announces-simple-easy-to-say-labels-for-sars-cov-2-variants-of-interest-and-concern

[191] Estamos agora diante da covid-21? Brian J Ford BMJ 1/6/2022 Are we now faced with covid-21?
https://www.bmj.com/content/376/bmj.n3145/rr

[192] Sai Reddy, pesquisador da ETH, alerta para uma nova super variante do Corona Sai Reddy, Danny Schlumpf Blick (Germany) 1/10/2022
https://www.blick.ch/schweiz/eth-forscher-warnt-vor-neuer-corona-super-variante-covid-22-koennte-noch-schlimmer-werden-id16770423.html

[193] Zika Vírus: Se as mulheres adiassem a gravidez, o que isso significaria para a América Latina? - The Atlantic. Uri Friedman The Atlantic 2/1/2016
https://www.theatlantic.com/international/archive/2016/02/zika-pregnancy-latin-america/433980/

[194]Developing Zika Vaccines Nightly Business Report 4/19/2016
https://www.youtube.com/watch?v=EdvFNFsSAUg

[195] Epidemias únicas e futuras: o vírus Zika emergente. Once and future epidemics: Zika virus emerging. GARY J. NABEL AND ELIAS A. ZERHOUNI
https://www.science.org/ 3/16/2016
https://www.science.org/doi/10.1126/scitranslmed.aaf4548

[196] Farmacêutica emite cautela no uso de vacina antidengue | Inquirer Technology. Philippine Daily Inquirer 11/30/2017 https://technology.inquirer.net/69907/pharma-firm-issues-caution-anti-dengue-vaccine-sanofi-dengvaxia-vaccine-health-dengue"

[197] Filipinas desprezou o conselho de especialistas para avançar cada vez mais na busca de imunizações contra a dengue infantil | The Japan Times Philippines snubbed advice of experts to tread incrementally in pursuing child dengue immunizations | The Japan Times Japan Times 12/11/2017
https://www.japantimes.co.jp/news/2017/12/11/asia-pacific/science-health-asia-pacific/philippines-snubbed-advice-experts-tread-incrementally-pursuing-child-dengue-immunizations/

[198] Op cit Developing Zika Vaccines

[199] Fase 2 do teste da vacina contra o zika começa nos EUA, América Central e do Sul niaid.nih.gov 31/03/2017 https://www.niaid.nih.gov/news-events/phase-2-zika-vaccine-trial-begins-us-central-and-south-america

[200] Cientistas iniciam teste de estágio intermediário da vacina contra Zika pela primeira vez. Helen Branswell statnews 31/03/2017
https://www.statnews.com/2017/03/31/zika-vaccine-phase-two/

[201] Situação atual do desenvolvimento da vacina contra o Zika: Vacinas contra o Zika avançam na avaliação clínica | npj Vaccines Situação atual do desenvolvimento da

vacina contra o Zika: Vacinas contra o Zika avançam para avaliação clínica | npj Vaccines Alan DT Barrett npj Vaccines 6/11/2018 https://www.nature.com/articles/s41541-018-0061-9#citeas

[202] Estudo Tuskegee - Cronograma - CDC - NCHHSTP. https://www.cdc.gov/tuskegee/timeline.htm

[203]Considerações éticas para o relatório e recomendações de testes de desafio humano do vírus Zika. niaid.nih.gov 2/10/2017 https://www.niaid.nih.gov/sites/default/files/EthicsZikaHumanChallengeStudiesReport2017.pdf

[204]À medida que o teste de vacina contra o Zika em massa luta, os pesquisadores revivem planeja infectar intencionalmente humanos | Ciência | AAAS. JON COHEN Science 12/09/2018 https://www.science.org/content/article/massive-zika-vaccine-trial-struggles-researchers-revive-plan-intentionally-infect

[205] Ibid, À medida que o teste massivo da vacina contra o Zika luta, pesquisadores revivem plano para infectar intencionalmente humanos | Ciência | AAAS.

[206] Falácia do custo afundado: saiba quando você precisa puxar o plugue - TechTello

[207] Opinião | Anthony Fauci: forçado a roubar pesquisas sobre o câncer para pagar a vacina contra o Zika - The Washington Post - Anthony Fauci, Jonathan Capehart The Washington Post 20/09/2016 https://www.washingtonpost.com/blogs/post-partisan/wp/2016/09/20/anthony-fauci-forced-to-rob-cancer-research-to-pay-for-zika-vaccine-push/

[208] Moderna Long Term Plan Presentation Apresentação do Plano de Longo Prazo da Moderna Stephane Bancel CECP 10/06/2021 https://www.youtube.com/watch?v=oP--FCs-2H4&t=813s

[209]"Fatores que influenciam a segurança contra incêndio no Brasil. Jeremy P. Francisco, Marissa A. Imperiali WPI https://web.wpi.edu/Pubs/E-project/Available/E-project-031112-202605/unrestricted/Final_Report_-_Mar11.pdf

[210] Tempo de medo versus tempo de ciência: discursivo disputas sobre a epidemia... Simone Evangelista Cunha e Marcelo Garcia 28/06/2019 https://journals.openedition.org/cs/750?lang=en

[211] Simone Evangelista Cunha. Pós-doutoranda em Comunicação Universidade Federal Fluminense (UFF); Estado do Rio de Janeiro https://www.escavador.com/sobre/7307092/simone-evangelista-cunha

[212] As previsões para setembro de 2015 a dezembro de 2016 mostraram que foram observados 119.095 nascimentos a menos do que o esperado, especialmente após abril de 2016 (uma redução significativa de 0,05), demonstrando uma ligação entre a publicidade associada à epidemia de ZIKV e o declínio nos nascimentos. Implicações do Zika vírus e da síndrome congênita do Zika para o número de nascidos vivos no Brasil Marcia C. Castro, et al. Anais da Academia Nacional de Ciências 12/06/2018 https://www.pnas.org/content/115/24/6177.long.

[213]Como sabemos que o vírus Zika custará ao mundo US$ 3,5 bilhões? Jay L. Zagorsky The Conversation 23/02/2016 https://theconversation.com/how-do-we-know-the-zika-virus-will-cost-the-world-3-5-billion-55117

[214]No Brasil, Covid-19 dá novo golpe em crianças com deficiência por Zika Luciana Magalhães e Samantha Pearson WSJ 18/09/2020 https: //www.wsj.com/articles/in-brazil-covid-19-deals-new-blow-to-children-disabled-by-zika-11600421401
[215]"Familiares críticos MP que prevê pensão para crianças com microcefalia por zika Rodrigo Baptista Senado 10/10/2019 https://www12.senado.leg.br/noticias/materias/2019/10/10/familiares-criticam-mp-que-preve-pensao-para-criancas-com-microcefalia-por-zica
[216]OMS declara o fim da emergência do Zika, mas diz que o vírus continua sendo uma ameaça WHO declares end of Zika emergency but says virus remains a threat Stephanie Nebehay and Julie Steenhuysen Yahoo news 11/18/2016 https://www.yahoo.com/news/declares-end-zika-emergency-still-needs-action-192717331.html?nhp=1
[217] Mudo como um peixe. https://pt.wiktionary.org/wiki/mudo_como_um_peixe
[218] Zika não é mais uma emergência global, afirma a OMS
[219]Zika não é mais uma emergência global, diz a OMS Donald G. McNeil Jr. The New York Times 18/11/2016 https://www.nytimes.com/2016/11/19/health/who-ends-zika-global-health-emergency.html
[220]Zika tem tudo mas desapareceu nas Américas. Porque? JON COHEN Sience 16/08/2017 https://www.science.org/content/article/zika-has-all-disappeared-americas-why
[221]Rajasthan Zika não está ligado à microcefalia The Hindu 03/11/2018 https://www.thehindu.com/sci-tech/health/rajasthan-zika-strain-not-linked-to-microcephaly/article25414057.ece
[222] Fadiga de alarme. https://en.wikipedia.org/wiki/Alarm_fatigue
[223]Fadiga de alarme: uma preocupação de segurança do paciente. Sendelbach S, Funk M. AACN Adv Crit Care. 2013 Out-Dez;24(4):378-86; teste 387-8. 2013 out-dez https://pubmed.ncbi.nlm.nih.gov/24153215/
[224] Secretaria de Vigilância em Saúde, Ministério da Saúde (Brasil) | GHDx. http://ghdx.healthdata.org/organizations/secretariat-health-surveillance-ministry-health-brazil
[225]Infecção pelo Zika Vírus e Distúrbios Neurológicos Associados no Brasil | NEJM. de Oliveira, Wanderson; Christopher Dye, et ai. New England Journal of Medicine 29/03/2017 https://www.nejm.org/doi/full/10.1056/nejmc1608612
[226] O jornalismo nunca é perfeito: a política de correções e retratações de histórias. Retratações: o bom, o ruim e o feio - o que os pesquisadores ganham ao tomarem mais cuidado para entender os erros no registro científico. Quan-Hoang Vuong the London School of Economics 20/02/2020 https://blogs.lse.ac.uk/impactofsocialsciences/2020/02/20/retractions-the-good-the-bad-and-the-ugly-what-researchers-stand-to-gain-from-taking-more-care-to-understand-errors-in-the-scientific-record/
[227] Adam Marcus, Retraction Watch. https://retractionwatch.com/meet-the-retraction-watch-staff/about-adam-marcus
[228] Factoide - Wikipedia. https://pt.wikipedia.org/wiki/Factoide

[229] Efeito de ilusão da verdade: você repete, eu acredito. http://econowmics.com/illusion-of-truth-effect-you-repeat-i-believe/ Como os mentirosos criam a 'ilusão da verdade'. https://www.bbc.com/future/article/20161026-how-liars-create-the-illusion-of-truth

[230]Por que ninguém acreditou em Einstein Matthew Wills JSTOR Daily 19/08/2016 https://daily.jstor.org/why-no-one-believed-einstein/

[231]Definição médica dos postulados de Koch Melissa Conrad Stöppler, MD MedicineNet 29/03/2021 https://www.medicinenet.com/kochs_postulates/definition.htm Louis Pasteur & Robert Koch - Microbiologia https://medicosage.com/louis-pasteur-robert-koch/.

[232] O Método Científico - Hipóteses, Modelos, Teorias e Leis.

[233] "The People's Choice Awards" (Prêmio Escolha do Povo). https://en.wikipedia.org/wiki/People%27s_Choice_Awards

[234] "Conspiração de Interesses". https://www.google.com/books/edition/Conspiracy_of_Interests/8gCBmfxuTO0C?hl=en

[235] Campanha de marketing do McDonald's de 1971: "You deserve a break today" ("Você merece uma pausa hoje"). https://www.youtube.com/watch?v=0fp3co77MQw

[236] A gravidade é o pior inimigo. https://tvtropes.org/pmwiki/pmwiki.php/Main/GravityIsAHarshMistress

Made in the USA
Monee, IL
12 November 2026

4d723d2a-8f83-4037-8a28-4906ae433cdcR01